Aprender

Eureka Math®
5.º grado
Módulos 3 y 4

Publicado por Great Minds®.

Copyright © 2019 Great Minds®.

Impreso en los EE. UU.

Este libro puede comprarse en la editorial en eureka-math.org.

10   9   8   7   6   5   4   3   2   1

v1.0   PAH

ISBN 978-1-64497-002-7

G5-SPA-M3-M4-L-05.2019

Aprender • Practicar • Triunfar

Los materiales del estudiante de *Eureka Math*® para *Una historia de unidades*™ (K–5) están disponibles en la trilogía *Aprender, Practicar, Triunfar*. Esta serie apoya la diferenciación y la recuperación y, al mismo tiempo, permite la accesibilidad y la organización de los materiales del estudiante. Los educadores descubrirán que la trilogía *Aprender, Practicar y Triunfar* también ofrece recursos consistentes con la Respuesta a la intervención (RTI, por sus siglas en inglés), las prácticas complementarias y el aprendizaje durante el verano que, por ende, son de mayor efectividad.

Aprender

Aprender de *Eureka Math* constituye un material complementario en clase para el estudiante, a través del cual pueden mostrar su razonamiento, compartir lo que saben y observar cómo adquieren conocimientos día a día. *Aprender* reúne el trabajo en clase—la Puesta en práctica, los Boletos de salida, los Grupos de problemas, las plantillas—en un volumen de fácil consulta y al alcance del usuario.

Practicar

Cada lección de *Eureka Math* comienza con una serie de actividades de fluidez que promueven la energía y el entusiasmo, incluyendo aquellas que se encuentran en *Practicar* de *Eureka Math*. Los estudiantes con fluidez en las operaciones matemáticas pueden dominar más material, con mayor profundidad. En *Practicar*, los estudiantes adquieren competencia en las nuevas capacidades adquiridas y refuerzan el conocimiento previo a modo de preparación para la próxima lección.

En conjunto, *Aprender* y *Practicar* ofrecen todo el material impreso que los estudiantes utilizarán para su formación básica en matemáticas.

Triunfar

Triunfar de *Eureka Math* permite a los estudiantes trabajar individualmente para adquirir el dominio. Estos grupos de problemas complementarios están alineados con la enseñanza en clase, lección por lección, lo que hace que sean una herramienta ideal como tarea o práctica suplementaria. Con cada grupo de problemas se ofrece una Ayuda para la tarea, que consiste en un conjunto de problemas resueltos que muestran, a modo de ejemplo, cómo resolver problemas similares.

Los maestros y los tutores pueden recurrir a los libros de *Triunfar* de grados anteriores como instrumentos acordes con el currículo para solventar las deficiencias en el conocimiento básico. Los estudiantes avanzarán y progresarán con mayor rapidez gracias a la conexión que permiten hacer los modelos ya conocidos con el contenido del grado escolar actual del estudiante.

Estudiantes, familias y educadores:

Gracias por formar parte de la comunidad de *Eureka Math*®, donde celebramos la dicha, el asombro y la emoción que producen las matemáticas.

En las clases de *Eureka Math* se activan nuevos conocimientos a través del diálogo y de experiencias enriquecedoras. A través del libro *Aprender* los estudiantes cuentan con las indicaciones y la sucesión de problemas que necesitan para expresar y consolidar lo que aprendieron en clase.

¿Qué hay dentro del libro Aprender?

Puesta en práctica: la resolución de problemas en situaciones del mundo real es un aspecto cotidiano de *Eureka Math*. Los estudiantes adquieren confianza y perseverancia mientras aplican sus conocimientos en situaciones nuevas y diversas. El currículo promueve el uso del proceso LDE por parte de los estudiantes: Leer el problema, Dibujar para entender el problema y Escribir una ecuación y una solución. Los maestros son facilitadores mientras los estudiantes comparten su trabajo y explican sus estrategias de resolución a sus compañeros/as.

Grupos de problemas: una minuciosa secuencia de los Grupos de problemas ofrece la oportunidad de trabajar en clase en forma independiente, con diversos puntos de acceso para abordar la diferenciación. Los maestros pueden usar el proceso de preparación y personalización para seleccionar los problemas que son «obligatorios» para cada estudiante. Algunos estudiantes resuelven más problemas que otros; lo importante es que todos los estudiantes tengan un período de 10 minutos para practicar inmediatamente lo que han aprendido, con mínimo apoyo de la maestra.

Los estudiantes llevan el Grupo de problemas con ellos al punto culminante de cada lección: la Reflexión. Aquí, los estudiantes reflexionan con sus compañeros/as y el maestro, a través de la articulación y consolidación de lo que observaron, aprendieron y se preguntaron ese día.

Boletos de salida: a través del trabajo en el Boleto de salida diario, los estudiantes le muestran a su maestra lo que saben. Esta manera de verificar lo que entendieron los estudiantes ofrece al maestro, en tiempo real, valiosas pruebas de la eficacia de la enseñanza de ese día, lo cual permite identificar dónde es necesario enfocarse a continuación.

Plantillas: de vez en cuando, la Puesta en práctica, el Grupo de problemas u otra actividad en clase requieren que los estudiantes tengan su propia copia de una imagen, de un modelo reutilizable o de un grupo de datos. Se incluye cada una de estas plantillas en la primera lección que la requiere.

¿Dónde puedo obtener más información sobre los recursos de Eureka Math?

El equipo de Great Minds® ha asumido el compromiso de apoyar a estudiantes, familias y educadores a través de una biblioteca de recursos, en constante expansión, que se encuentra disponible en eureka-math.org. El sitio web también contiene historias exitosas e inspiradoras de la comunidad de *Eureka Math*. Comparte tus ideas y logros con otros usuarios y conviértete en un Campeón de *Eureka Math*.

¡Les deseo un año colmado de momentos "¡ajá!"!

Jill Diniz

Jill Diniz
Directora de matemáticas
Great Minds®

El proceso de Leer-Dibujar-Escribir

El programa de *Eureka Math* apoya a los estudiantes en la resolución de problemas a través de un proceso simple y repetible que presenta la maestra. El proceso Leer-Dibujar-Escribir (LDE) requiere que los estudiantes

1. Lean el problema.

2. Dibujen y rotulen.

3. Escriban una ecuación.

4. Escriban un enunciado (afirmación).

Se procura que los educadores utilicen el andamiaje en el proceso, a través de la incorporación de preguntas tales como

- ¿Qué observas?

- ¿Puedes dibujar algo?

- ¿Qué conclusiones puedes sacar a partir del dibujo?

Cuánto más razonen los estudiantes a través de problemas con este enfoque sistemático y abierto, más interiorizarán el proceso de razonamiento y lo aplicarán instintivamente en el futuro.

Contenido

Módulo 3: Suma y resta de fracciones

Módulo 4: Multiplicación y división de fracciones y fracciones decimales

Tema G: Dividir de fracciones y fracciones decimales

Tema H: Interpretación de expresiones numéricas

5.º grado
Módulo 3

Se distribuyen 15 kilogramos de arroz por igual en 4 recipientes. ¿Cuántos kilogramos de arroz se encuentran en cada recipiente? Expresa tu respuesta como decimal y como fracción.

Lee   **Dibuja**   **Escribe**

Lección 1:   Realizar fracciones equivalentes con una recta numérica, un modelo de área   3
                y números.

© 2019 Great Minds®. eureka-math.org

Nombre _____   Fecha _____

1. Utiliza la tira de papel doblado para marcar los puntos 0 y 1 por encima de la recta numérica y $\frac{0}{2}$, $\frac{1}{2}$, y $\frac{2}{2}$ por debajo de ella.

Dibuja una línea vertical por el centro de cada rectángulo, creando dos partes. Sombrea la mitad izquierda de cada uno. Parte con líneas horizontales para mostrar las fracciones equivalentes $\frac{2}{4}$, $\frac{3}{6}$, $\frac{4}{8}$, y $\frac{5}{10}$. Usa la multiplicación para mostrar el cambio de las unidades.

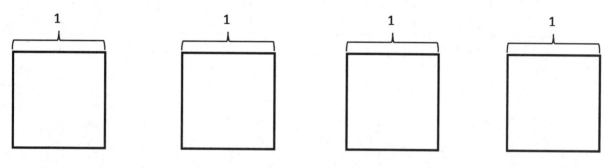

$$\frac{1}{2} = \frac{1 \times 2}{2 \times 2} = \frac{2}{4}$$

2. Utiliza la tira de papel doblado para marcar los puntos 0 y 1 por encima de la recta numérica y $\frac{0}{3}$, $\frac{1}{3}$, $\frac{2}{3}$, y $\frac{3}{3}$ por debajo de ella.
    Sigue el mismo patrón que en el Problema 1, pero con tercios.

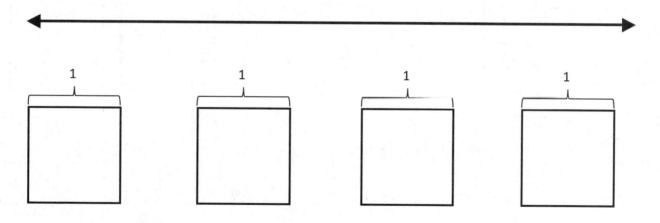

EUREKA
MATH®

Lección 1:   Realizar fracciones equivalentes con una recta numérica, un modelo de área
                 y números.

© 2019 Great Minds®. eureka-math.org

5

3. Continúa el patrón de 3 cuartos.

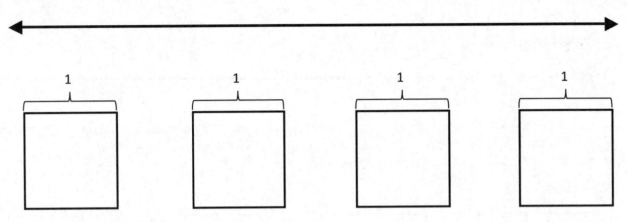

4. Continúa con el proceso, y representa 2 fracciones equivalentes a 6 quintos.

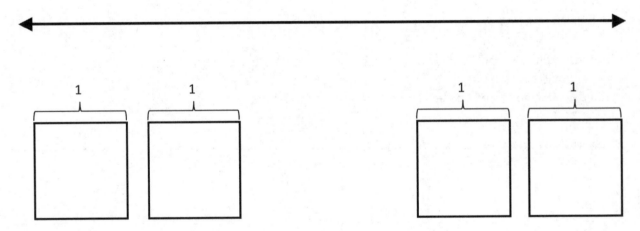

Lección 1:   Realizar fracciones equivalentes con una recta numérica, un modelo de área
                                    y números.

EUREKA
MATH

Nombre _____   Fecha _____

Estima para marcar los puntos 0 y 1 arriba de la recta numérica y $\frac{0}{6}, \frac{1}{6}, \frac{2}{6}, \frac{3}{6}, \frac{4}{6}, \frac{5}{6},$ y $\frac{6}{6}$ abajo de ella. Utiliza los cuadrados para representar fracciones equivalentes a 1 sexto usando ambas matrices y ecuaciones.

$$\frac{1}{6} = \frac{1 \times 2}{6 \times 2} = \frac{2}{12}$$

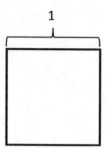

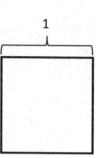

EUREKA MATH®

Lección 1:   Realizar fracciones equivalentes con una recta numérica, un modelo de área y números.

7

© 2019 Great Minds®. eureka-math.org

El Sr. Hopkins tiene un cable de 1 metro que está utilizando para hacer relojes. Cada cuarto se marca y se divide en 5 longitudes menores e iguales. Si el Sr. Hopkins dobla el cable en $\frac{3}{4}$ metros, ¿a qué fracción de las marcas pequeñas corresponde?

_____

_____

_____

_____

Lee   Dibuja   Escribe

Lección 2:   Realizar fracciones equivalentes con sumas de fracciones con el mismo denominador.

© 2019 Great Minds®. eureka-math.org   9

Nombre _____ Fecha _____

1. Demuestra cada expresión en una recta numérica. Resuelvan.

   a. $\frac{2}{5} + \frac{1}{5}$

   b. $\frac{1}{3} + \frac{1}{3} + \frac{1}{3}$

   c. $\frac{3}{10} + \frac{3}{10} + \frac{3}{10}$

   d. $2 \times \frac{3}{4} + \frac{1}{4}$

2. Expresa cada fracción como la suma de dos o tres términos de fraccionarias iguales. Reescribe cada uno como una ecuación de multiplicación. Muestra la parte (a) en una recta numérica.

   a. $\frac{6}{7}$

   b. $\frac{9}{2}$

   c. $\frac{12}{10}$

   d. $\frac{27}{5}$

EUREKA MATH®

Lección 2: Realizar fracciones equivalentes con sumas de fracciones con el mismo denominador.

© 2019 Great Minds®. eureka-math.org

11

3. Expresa cada una de las siguientes como la suma de un número entero y una fracción. Muestra (c) y (d) en las rectas numéricas.

a. $\frac{9}{7}$

b. $\frac{9}{2}$

c. $\frac{32}{7}$

d. $\frac{24}{9}$

4. Marisela cortó cuatro longitudes equivalentes de listón. Cada uno era 5 octavas de yarda de largo. ¿Cuántas yardas de listón cortó? Expresa tu respuesta como la suma de un número entero y las unidades fraccionarias restantes. Dibuja una recta numérica para representar el problema.

Lección 2:   Realizar fracciones equivalentes con sumas de fracciones con el mismo denominador.

EUREKA MATH®

Nombre _____   Fecha _____

1. Demuestra cada expresión en una recta numérica. Resuelve.

    a. $\frac{5}{5} + \frac{2}{5}$ b. $\frac{6}{3} + \frac{2}{3}$

2. Expresa cada fracción como la suma de dos o tres términos de fraccionarias iguales. Reescribe cada uno como una ecuación de multiplicación. Muestra la parte (b) en una recta numérica.

    a. $\frac{6}{9}$ b. $\frac{15}{4}$

EUREKA MATH®   Lección 2:   Realizar fracciones equivalentes con sumas de fracciones con el mismo   13
                                          denominador.

Una novena parte de los estudiantes de la clase del Sr. Beck dicen que el rojo es su color favorito. El doble de estudiantes dicen que el azul es su favorito y el triple de los estudiantes prefieren el rosa. El resto dice que el verde es su color favorito. ¿Qué fracción de estudiantes dicen que el verde o el rosa es su color favorito?

Extensión: si 6 estudiantes dicen que el azul es su color favorito, ¿cuántos estudiantes hay en la clase del Sr. Beck?

_____

_____

_____

_____

Lee   Dibuja   Escribe

Lección 3:   Sumar fracciones con unidades diferentes usando la estrategia para crear fracciones equivalentes.

15

© 2019 Great Minds®. eureka-math.org

Nombre _____   Fecha _____

1. Dibuja un modelo de fracción rectangular para encontrar la suma. Simplifica tu respuesta, si es posible.

    a. $\frac{1}{2} + \frac{1}{3} =$ b. $\frac{1}{3} + \frac{1}{5} =$

    c. $\frac{1}{4} + \frac{1}{3} =$ d. $\frac{1}{3} + \frac{1}{7} =$

EUREKA MATH®   **Lección 3:**   Sumar fracciones con unidades diferentes usando la estrategia para crear fracciones equivalentes.   **17**

© 2019 Great Minds®. eureka-math.org

e. $\frac{3}{4} + \frac{1}{5} =$

f. $\frac{2}{3} + \frac{2}{7} =$

Resuelve los siguientes problemas. Dibuja una imagen y escribe el enunciado numérico que demuestra la respuesta. Simplifica tu respuesta, si es posible.

2. Jamal usa $\frac{1}{3}$ yardas de listón para atar un paquete y $\frac{1}{6}$ yardas de listón para atar un arco. ¿Cuántas yardas de listón uso Jamal?

Lección 3:   Sumar fracciones con unidades diferentes usando la estrategia para crear fracciones equivalentes.

EUREKA MATH

3. El fin de semana, Nolan bebió $\frac{1}{6}$ de cuarto de jugo de naranja, y Andrea bebió $\frac{3}{4}$ de cuarto de jugo de naranja.

   ¿Cuántos cuartos bebieron en total?

4. Nadia gastó $\frac{1}{4}$ de su dinero en una camisa y $\frac{2}{5}$ de su dinero en zapatos nuevos. ¿Qué fracción de dinero gastó Nadia? ¿Qué fracción de su dinero le quedó?

3. El fin de semana, Nolan bebió $\frac{1}{6}$ de cuarto de jugo de naranja, y Andrea bebió $\frac{3}{4}$ de cuarto de jugo de naranja.

   ¿Cuántos cuartos bebieron en total?

4. Nadia gastó $\frac{1}{4}$ de su dinero en una camisa y $\frac{2}{5}$ de su dinero en zapatos nuevos. ¿Qué fracción de dinero gastó Nadia? ¿Qué fracción de su dinero le quedó?

EUREKA MATH®

Lección 3:   Sumar fracciones con unidades diferentes usando la estrategia para crear fracciones equivalentes.

19

© 2019 Great Minds®. eureka-math.org

Nombre _____   Fecha _____

Resuelve dibujando el modelo de fracción rectangular.

1. $\frac{1}{2}+\frac{1}{5}=$

2. En una hora, Ed utilizó $\frac{2}{5}$ de tiempo para completar su tarea y $\frac{1}{4}$ de tiempo para comprobar su correo electrónico. ¿Cuánto tiempo pasó completando su tarea y consultando su correo electrónico? Escribe tu respuesta como una fracción. Extensión: Escribe la respuesta en minutos).

EUREKA MATH®

Lección 3:   Sumar fracciones con unidades diferentes usando la estrategia para crear fracciones equivalentes.

21

© 2019 Great Minds®. eureka-math.org

Leslie tiene 1 litro de leche en su refrigerador para beber hoy. Ella bebió $\frac{1}{2}$ litro de leche en el desayuno y $\frac{2}{5}$ de litro de leche durante la cena. ¿Cuánto bebió del litro Leslie durante el desayuno y la cena?

Extensión: ¿cuánto le queda a Leslie del litro de leche para beber con su postre? Responde con una fracción de litro y con un decimal.

_____

_____

_____

_____

Lee   **Dibuja**   **Escribe**

Nombre _____   Fecha _____

1. Para los siguientes problemas, dibuja una imagen utilizando el modelo rectangular de fracción y escribe la respuesta. Cuando sea posible, escribe tu respuesta como un número mixto.

    a. $\frac{2}{3} + \frac{1}{2} =$ b. $\frac{3}{4} + \frac{2}{3} =$

    c. $\frac{1}{2} + \frac{3}{5} =$ d. $\frac{5}{7} + \frac{1}{2} =$

e. $\frac{3}{4} + \frac{5}{6} =$

f. $\frac{2}{3} + \frac{3}{7} =$

Resuelve los siguientes problemas. Dibuja una imagen y escribe el enunciado numérico que demuestra la respuesta. Simplifica tu respuesta, si es posible.

2. Penny utilizó $\frac{2}{5}$ lb de harina para hornear un pastel de vainilla. Utilizó otros $\frac{3}{4}$ lb de harina para hornear un pastel de chocolate. ¿Qué cantidad de harina utilizó en total?

EUREKA
MATH®

3. Carlos quiere practicar el piano 2 horas al día. Practica el piano durante $\frac{3}{4}$ de hora antes de la escuela y $\frac{7}{10}$ de hora cuando llega a casa. ¿Cuántas horas practica Carlos el piano? ¿Cuánto tiempo necesita practicar antes de ir a la cama para cumplir con su objetivo?

Nombre _____   Fecha _____

1. Dibuja un modelo para ayudar a resolver $\frac{5}{6} + \frac{1}{4}$. Escribe tu respuesta como un número mixto.

2. Patrick bedió $\frac{3}{4}$ de litro de agua el lunes antes de trotar. Bedió $\frac{4}{5}$ de litro de agua después de su caminata.

   ¿Cuánta agua Patrick bedió en total? Escribe tu respuesta como un número mixto.

Un agricultor usa $\frac{3}{4}$ de su campo para plantar maíz, $\frac{1}{6}$ de su campo para plantar habas y el resto para plantar trigo. ¿Qué fracción de su campo se utiliza para trigo?

Lee   **Dibuja**   **Escribe**

Lección 5:   Sumar fracciones con unidades diferentes usando la estrategia para
                 crear fracciones equivalentes.

© 2019 Great Minds®. eureka-math.org

31

Nombre _____ Fecha _____

1. Para los siguientes problemas, dibuja una imagen utilizando el modelo rectangular de fracción y escribe la respuesta. Simplifica tu respuesta, si es posible.

   a. $\frac{1}{3} - \frac{1}{4} =$

   b. $\frac{2}{3} - \frac{1}{2} =$

   c. $\frac{5}{6} - \frac{1}{4} =$

   d. $\frac{2}{3} - \frac{1}{7} =$

Lección 5: Sumar fracciones con unidades diferentes usando la estrategia para crear fracciones equivalentes.

© 2019 Great Minds®. eureka-math.org

33

e. $\frac{3}{4} - \frac{3}{8} =$

f. $\frac{3}{4} - \frac{2}{7} =$

2. El Sr. Penman tenía $\frac{2}{3}$ de litro de agua salada. Usó $\frac{1}{5}$ de litro para un experimento. ¿Cuánta agua salada le queda al Sr. Penman?

Lección 5:   Sumar fracciones con unidades diferentes usando la estrategia para crear fracciones equivalentes.

3. Sandra dice que $\frac{4}{7} - \frac{1}{3} = \frac{3}{4}$ porque todo lo que se tiene que hacer es restar los numeradores y los denominadores. Convence a Sandra de que está equivocada. Puedes dibujar un modelo de fracción rectangular para apoyar tu razonamiento.

Lección 5:   Sumar fracciones con unidades diferentes usando la estrategia para
               crear fracciones equivalentes.

© 2019 Great Minds®. eureka-math.org

35

Nombre _____   Fecha _____

Para los siguientes problemas, dibuja una imagen utilizando el modelo rectangular de fracción y escribe la respuesta.

Simplifica tu respuesta, si es posible.

a. $\frac{1}{2} - \frac{1}{7} =$

b. $\frac{3}{5} - \frac{1}{2} =$

Lección 5:   Sumar fracciones con unidades diferentes usando la estrategia para
             crear fracciones equivalentes.

© 2019 Great Minds®. eureka-math.org

37

La familia Nápoli combinó dos bolsas de comida seca para gatos en un recipiente de plástico. Una bolsa tenía $\frac{5}{6}$ kg de comida para gatos. La otra bolsa tenía $\frac{3}{4}$ kg. ¿Cuánto pesó en total el recipiente después de combinar las bolsas?

Lee   **Dibuja**   **Escribe**

Nombre _____ Fecha _____

1. Para los siguientes problemas, dibuja una imagen utilizando el modelo rectangular de fracción y escribe la respuesta. Simplifica tu respuesta, si es posible.

a. $1\frac{1}{4} - \frac{1}{3} =$

b. $1\frac{1}{5} - \frac{1}{3} =$

c. $1\frac{3}{8} - \frac{1}{2} =$

d. $1\frac{2}{5} - \frac{1}{2} =$

e. $1\frac{2}{7} - \frac{1}{3} =$

f. $1\frac{2}{3} - \frac{3}{5} =$

2. Jean-Luc corrió alrededor del lago $1\frac{1}{4}$ de hora. William corrió la misma distancia en $\frac{5}{6}$ de hora. ¿Cuánto tiempo más le tomó a Jean-Luc que a William en horas?

EUREKA
MATH

3. ¿Es verdad que $1\frac{2}{5} - \frac{3}{4} = \frac{1}{4} + \frac{2}{5}$? Justifica tu respuesta.

Nombre _____   Fecha _____

Para los siguientes problemas, dibuja una imagen utilizando el modelo rectangular de fracción y escribe la respuesta. Simplifica tu respuesta, si es posible.

a. $1\frac{1}{5} - \frac{1}{2} =$

b. $1\frac{1}{3} - \frac{5}{6} =$

Nombre _____   Fecha _____

Resuelve los problemas escritos usando la estrategia LDE. Muestra todo tu trabajo.

1. Jorge quitó la maleza de $\frac{1}{5}$ del jardín y Summer quitó maleza también. Cuando terminaron, $\frac{2}{3}$ del jardín todavía tenía maleza. ¿A qué fracción del jardín le quitó la maleza Summer?

2. Jing gastó $\frac{1}{3}$ de su dinero en un paquete de plumas, $\frac{1}{2}$ de su dinero en un paquete de marcadores y $\frac{1}{8}$ de su dinero en un paquete de lápices. ¿Qué fracción de su dinero le quedó?

3. Shelby compró un tubo de 2 onzas de pintura azul. Usó $\frac{2}{3}$ onzas para pintar el agua, $\frac{3}{5}$ onzas para pintar el cielo y otras para pintar una bandera. Después de eso le quedaron $\frac{2}{15}$ onzas. ¿Qué cantidad de pintura usó Shelby para pintar su bandera?

4. Jim vendió $\frac{3}{4}$ de galón de limonada. Dwight vendió un poco de limonada también. Juntos, vendieron $1\frac{5}{12}$ de galón. ¿Quién vendió más limonada, Jim o Dwight? ¿Cuánto más?

EUREKA MATH

5. Leonard gastó $\frac{1}{4}$ de su dinero en un sándwich. Gastó 2 veces más en un regalo para su hermano y en algunos comics. Le sobró $\frac{3}{8}$ de su dinero. ¿Qué fracción de su dinero gastó en los cómics?

Nombre _____   Fecha _____

Resuelve el problema escrito usando la estrategia LDE. Muestra todo tu trabajo.

El Sr. Pham podó $\frac{2}{7}$ de césped. Su hijo podó $\frac{1}{4}$ del mismo. ¿Quién podó la mayoría? ¿Qué parte del césped aún tiene que ser podado?

Jane encontró dinero en el bolsillo. Fue a una tienda de conveniencia y gastó $\frac{1}{4}$ del dinero en leche de chocolate, $\frac{3}{5}$ del dinero en una revista y el resto del dinero en dulces. ¿Qué fracción del dinero gastó en dulces?

_____

_____

_____

_____

Lee   **Dibuja**   **Escribe**

Lección 8:   Sumar fracciones y restar fracciones de números enteros usando las estrategias de equivalencia y la recta numérica.

53

© 2019 Great Minds®. eureka-math.org

Nombre _____   Fecha _____

1. Suma o resta.

    a. $2 + 1\frac{1}{5} =$

    b. $2 - 1\frac{3}{8} =$

    c. $5\frac{2}{5} + 2\frac{3}{5} =$

    d. $4 - 2\frac{2}{7} =$

    e. $9\frac{3}{4} + 8 =$

    f. $17 - 15\frac{2}{3} =$

    g. $15 + 17\frac{2}{3} =$

    h. $100 - 20\frac{7}{8} =$

EUREKA MATH®

Lección 8:   Sumar fracciones y restar fracciones de números enteros usando las estrategias de equivalencia y la recta numérica.

© 2019 Great Minds®. eureka-math.org

55

2. Calvin tuvo 30 minutos de descanso. Durante los primeros $23\frac{1}{3}$ minutos, Calvin contó manchas en el techo. El resto del tiempo hizo muecas a su tigre de peluche. ¿Cuánto tiempo Calvin pasó haciendo muecas a su tigre?

3. Linda pensaba pasar 9 horas practicando el piano esta semana. El martes, había pasado $2\frac{1}{2}$ horas practicando. ¿Cuánto tiempo más necesita practicar para llegar a su meta?

Lección 8:   Sumar fracciones y restar fracciones de números enteros usando las estrategias de equivalencia y la recta numérica.

EUREKA MATH

4. Gary dice que $3 - 1\frac{1}{3}$ será más de 2, ya que 3 - 1 son 2. Realiza un dibujo para demostrar que Gary está equivocado.

Lección 8:   Sumar fracciones y restar fracciones de números enteros usando las
estrategias de equivalencia y la recta numérica.

57

© 2019 Great Minds®. eureka-math.org

Nombre _____   Fecha _____

Suma o resta.

a. $5 + 1\frac{7}{8} =$

b. $3 - 1\frac{3}{4} =$

c. $7\frac{3}{8} + 4 =$

d. $4 - 2\frac{3}{7} =$

Lección 8:   Sumar fracciones y restar fracciones de números enteros usando las estrategias de equivalencia y la recta numérica.

59

© 2019 Great Minds®. eureka-math.org

EUREKA MATH®

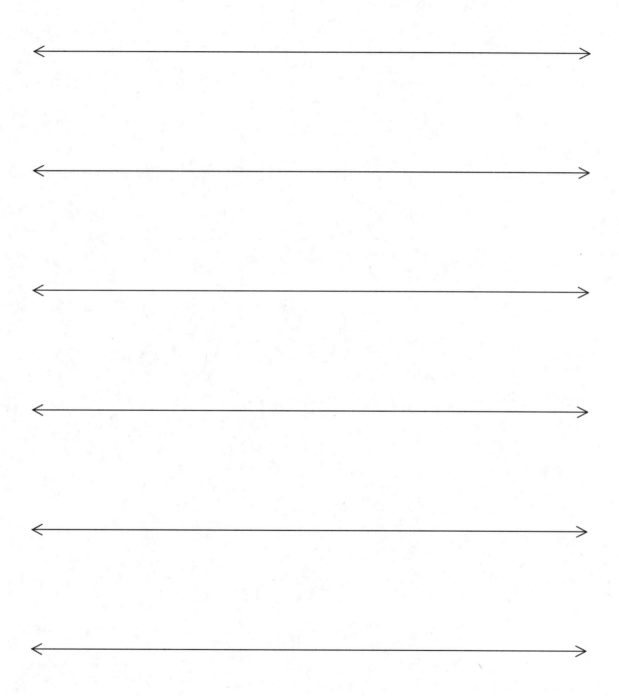

recta numérica vacía

Lección 8:   Sumar fracciones y restar fracciones de números enteros usando las estrategias de equivalencia y la recta numérica.

© 2019 Great Minds®. eureka-math.org

61

Hanna y su amiga están entrenando para correr una carrera de 2 millas. El lunes, Hanna corrió $\frac{1}{2}$ milla.

El martes corrió $\frac{1}{5}$ de milla más lejos de lo que corrió el lunes.

   a. ¿Qué tan lejos corrió Hanna el martes?

   b. Si su amiga corrió $\frac{3}{4}$ millas el martes, ¿cuántas millas corrieron ambas en total el martes?

Lee   **Dibuja**   **Escribe**

Nombre _____ Fecha _____

1. Primero haz unidades semejantes y después suma.

a. $\frac{3}{4} + \frac{1}{7} =$

b. $\frac{1}{4} + \frac{9}{8} =$

c. $\frac{3}{8} + \frac{3}{7} =$

d. $\frac{4}{9} + \frac{4}{7} =$

e. $\frac{1}{5} + \frac{2}{3} =$

f. $\frac{3}{4} + \frac{5}{6} =$

g. $\frac{2}{3} + \frac{1}{11} =$ h. $\frac{3}{4} + 1\frac{1}{10} =$

2. Whitney dice que para sumar fracciones con denominadores diferentes, siempre se tiene que multiplicar los denominadores para encontrar la unidad en común, por ejemplo:

$$\frac{1}{4} + \frac{1}{6} = \frac{6}{24} + \frac{4}{24}.$$

Muestra a Whitney cómo podría haber elegido un denominador menor a 24 y resuelve el problema.

EUREKA
MATH®

3. Jackie compró $\frac{3}{4}$ de un galón de té helado para la fiesta. Bill compró $\frac{7}{8}$ de un galón de té helado para la misma fiesta. ¿Qué cantidad de té helado llevaron en total Jackie y Bill a la fiesta?

4. Madame Curie creó un poco de radio en su laboratorio. Usó $\frac{2}{5}$ kg de radio en un experimento y le sobró $1\frac{1}{4}$ kg. ¿Cuánto radio tenía al principio? Extensión: Si llevó acabo el experimento dos veces, ¿qué cantidad de radio le queda?

Nombre _____ Fecha _____

Haz unidades semejantes y después suma.

a. $\frac{1}{6} + \frac{3}{4} =$

b. $1\frac{1}{2} + \frac{2}{5} =$

Para hacer un ponche para la fiesta de la clase, la Sra. Lui mezcló $1\frac{1}{3}$ tazas de jugo de naranja, $\frac{3}{4}$ tazas de jugo de manzana, $\frac{2}{3}$ tazas de jugo de arándano y $\frac{3}{4}$ tazas de refresco de lima-limón. Si se mezclan todos esos ingredientes, ¿cuántas tazas de ponche se obtienen con esa receta?

Extensión: cada porción es 1 taza. ¿Cuántas tandas de esta receta necesita hacer la Sra. Lui para servirle a sus 20 estudiantes?

Lee   Dibuja   Escribe

Nombre _____   Fecha _____

1. Suma.

    a. $2\frac{1}{4} + 1\frac{1}{5} =$ b. $2\frac{3}{4} + 1\frac{2}{5} =$

    c. $1\frac{1}{5} + 2\frac{1}{3} =$ d. $4\frac{2}{3} + 1\frac{2}{5} =$

    e. $3\frac{1}{3} + 4\frac{5}{7} =$ f. $2\frac{6}{7} + 5\frac{2}{3} =$

g. $15\frac{1}{5} + 3\frac{5}{8} =$

h. $15\frac{5}{8} + 5\frac{2}{5} =$

2. Erin trotó $2\frac{1}{4}$ millas el lunes. El miércoles, trotó $3\frac{1}{3}$ millas y el viernes, trotó $2\frac{2}{3}$ millas. ¿Qué tanto trotó Erin en total?

Lección 10:   Sumar fracciones con sumas mayores a 2.

EUREKA MATH

3. Darren compró un poco de pintura. Utilizó $2\frac{1}{4}$ galones para pintar su sala de estar. Después de eso, le sobraron $3\frac{5}{6}$ galones. ¿Cuánta pintura compró?

4. Clayton dice que $2\frac{1}{2} + 3\frac{3}{5}$ serán más de 5 pero menos de 6 dado que $2 + 3$ es 5. ¿Es correcto el razonamiento de Clayton? Prueba si está en lo correcto o no.

Nombre _____   Fecha _____

Suma.

1. $3\frac{1}{2} + 1\frac{1}{3} =$

2. $4\frac{5}{7} + 3\frac{3}{4} =$

Meredith fue al cine. Gastó $\frac{2}{5}$ del dinero en el boleto y $\frac{3}{7}$ del dinero en las palomitas de maíz.

¿Cuánto dinero gastó?

Extensión: ¿Cuánto dinero le queda?

_____

_____

_____

_____

Lee   Dibuja   Escribe

Nombre _____   Fecha _____

1. Genera fracciones equivalentes para obtener unidades semejantes. Después, resta.

a. $\frac{1}{2} - \frac{1}{3} =$

b. $\frac{7}{10} - \frac{1}{3} =$

c. $\frac{7}{8} - \frac{3}{4} =$

d. $1\frac{2}{5} - \frac{3}{8} =$

e. $1\frac{3}{10} - \frac{1}{6} =$

f. $2\frac{1}{3} - 1\frac{1}{5} =$

g. $5\frac{6}{7} - 2\frac{2}{3} =$

h. Dibuja una recta numérica para mostrar que tu respuesta en (g) es lógica.

EUREKA MATH

2. Jorge dice que, para restar fracciones con denominadores diferentes, siempre se tienen que multiplicar los denominadores para encontrar la unidad común; por ejemplo:

$$\frac{3}{8} - \frac{1}{6} = \frac{18}{48} - \frac{8}{48}.$$

Muestra a Jorge cómo podría haber elegido un denominador menor a 48 y resuelve el problema.

3. Meiling tiene $1\frac{1}{4}$ de litro de jugo de naranja. Ella bebe $\frac{1}{3}$ de litro. ¿Cuánto jugo de naranja le queda?
Extensión: Si después su hermano bebe dos litros más que lo que Meiling bebió, ¿cuánto le queda?

4. Harlan utiliza $3\frac{1}{2}$ kg de arena para hacer un gran reloj de arena. Para hacer un reloj de arena más pequeño, sólo utilizó $1\frac{3}{7}$ kg de arena. ¿Cuánta arena más necesitó para hacer un reloj de arena grande en comparación con el pequeño?

Lección 11:   Restar fracciones formando unidades semejantes numéricamente.

EUREKA MATH

Nombre _____   Fecha _____

Genera fracciones equivalentes para obtener unidades semejantes. Después, resta.

a. $\dfrac{3}{4} - \dfrac{3}{10} =$

b. $3\dfrac{1}{2} - 1\dfrac{1}{3} =$

Problema 1

La tarea de lectura de Max era leer $15\frac{1}{2}$ páginas. Después de leer $4\frac{1}{3}$ páginas, se tomó un descanso.

¿Cuántas páginas más necesita leer para terminar la tarea?

Problema 2

Sam y Nathan están entrenando para una carrera. El lunes, Sam corrió $2\frac{3}{4}$ millas y Nathan corrió

$2\frac{1}{3}$ millas. ¿Cuánto más lejos corrió Sam que Nathan?

Lee   Dibuja   Escribe

Nombre _____   Fecha _____

1. Resta.

a. $3\frac{1}{5} - 2\frac{1}{4} =$

b. $4\frac{2}{5} - 3\frac{3}{4} =$

c. $7\frac{1}{5} - 4\frac{1}{3} =$

d. $7\frac{2}{5} - 5\frac{2}{3} =$

e. $4\frac{2}{7} - 3\frac{1}{3} =$

f. $9\frac{2}{3} - 2\frac{6}{7} =$

EUREKA MATH

g. $17\frac{2}{3} - 5\frac{5}{6} =$ h. $18\frac{1}{3} - 3\frac{3}{8} =$

2. Toby escribió lo siguiente:

$$7\frac{1}{4} - 3\frac{3}{4} = 4\frac{2}{4} = 4\frac{1}{2}.$$

¿El cálculo de Toby es correcto? Dibuja una recta numérica que respalde tu respuesta.

EUREKA MATH

3. El Sr. Neville Iceguy mezcló $12\frac{3}{5}$ galones de chile para una fiesta. Si $7\frac{3}{4}$ galones fueron de chile poco picante y el resto fue más picante, ¿cuánto chile picante hizo el Sr. Iceguy?

4. Jazmyne decidió pasar $6\frac{1}{2}$ horas estudiando el fin de semana. Pasó $1\frac{1}{4}$ horas estudiando en la noche del viernes y $2\frac{2}{3}$ horas el sábado por la noche. ¿Cuánto tiempo más necesita pasar estudiando el domingo con el fin de alcanzar su objetivo?

Nombre _____   Fecha _____

Resta.

1. $5\frac{1}{2} - 1\frac{1}{3} =$

2. $8\frac{3}{4} - 5\frac{5}{6} =$

recta numérica vacía

© 2019 Great Minds®. eureka-math.org

Marcos corrió $3\frac{5}{7}$ km. Su hermana corrió $2\frac{4}{5}$ km. ¿Cuánto más lejos corrió Marcos que su hermana?

_____

_____

_____

Lee   **Dibuja**   **Escribe**

Nombre _____   Fecha _____

1. ¿Las siguientes expresiones son mayores que o menores que 1? Encierra en un círculo
    la respuesta correcta.

    a. $\frac{1}{2} + \frac{2}{7}$ mayor que 1   menor que 1

    b. $\frac{5}{8} + \frac{3}{5}$ mayor que 1   menor que 1

    c. $1\frac{1}{4} - \frac{1}{3}$ mayor que 1   menor que 1

    d. $3\frac{5}{8} - 2\frac{5}{9}$ mayor que 1   menor que 1

2. ¿Las siguientes expresiones mayores o menores que $\frac{1}{2}$? Encierra en un círculo la respuesta correcta.

    a. $\frac{1}{4} + \frac{2}{3}$ mayor que $\frac{1}{2}$ menor que $\frac{1}{2}$

    b. $\frac{3}{7} - \frac{1}{8}$ mayor que $\frac{1}{2}$ menor que $\frac{1}{2}$

    c. $1\frac{1}{7} - \frac{7}{8}$ mayor que $\frac{1}{2}$ menor que $\frac{1}{2}$

    d. $\frac{3}{7} + \frac{2}{6}$ mayor que $\frac{1}{2}$ menor que $\frac{1}{2}$

3. Usa >, < o = para hacer las siguientes afirmaciones verdaderas.

    a. $5\frac{2}{3} + 3\frac{3}{4}$ _____ $8\frac{2}{3}$ b. $4\frac{5}{8} - 3\frac{2}{5}$ _____ $1\frac{5}{8} + \frac{2}{5}$

    c. $5\frac{1}{2} + 1\frac{3}{7}$ _____ $6 + \frac{13}{14}$ d. $15\frac{4}{7} - 11\frac{2}{5}$ _____ $4\frac{4}{7} + \frac{2}{5}$

EUREKA MATH®

Lección 13:   Usar los números de referencia de la fracción para evaluar la lógica de las
                ecuaciones de suma y resta.

97

4. ¿Es verdad que $4\frac{3}{5} - 3\frac{2}{3} = 1 + \frac{3}{5} + \frac{2}{3}$? Justifica tu respuesta.

5. Jackson tiene que ser $1\frac{3}{4}$ pulgadas más alto para subir a la montaña rusa. Dado que no puede esperar, él se pone un par de botas que suman $1\frac{1}{6}$ pulgadas a su altura y se pone dentro una plantilla para sumar otra $\frac{1}{8}$ pulgada a su estatura. ¿Esto hará que Jackson parezca suficientemente alto para subirse a la montaña rusa?

6. Un panadero necesita 5 libras de mantequilla para una receta. Encontró 2 porciones que pesan cada una $1\frac{1}{6}$ lb y una porción que pesa $2\frac{2}{7}$ lb ¿Tiene suficiente mantequilla para su receta?

Lección 13: Usar los números de referencia de la fracción para evaluar la lógica de las ecuaciones de suma y resta.

EUREKA MATH®

Nombre _____   Fecha _____

1. Encierra en un círculo la respuesta correcta.

    a. $\frac{1}{2} + \frac{5}{12}$ mayor que 1   menor que 1

    b. $2\frac{7}{8} - 1\frac{7}{9}$ mayor que 1   menor que 1

    c. $1\frac{1}{12} - \frac{7}{10}$ mayor que $\frac{1}{2}$ mayor que $\frac{1}{2}$

    d. $\frac{3}{7} + \frac{1}{8}$ mayor que $\frac{1}{2}$ menor que

2. Usa >, < o = para hacer las siguientes afirmaciones verdaderas.

         $4\frac{4}{5} + 3\frac{2}{3}$ _____ $8\frac{1}{2}$

EUREKA
MATH®

Lección 13:   Usar los números de referencia de la fracción para evaluar la lógica de las
                 ecuaciones de suma y resta.

99

Problema 1

Para un pedido grande, el Sr. Magoo hizo $\frac{3}{8}$ kg de dulce en su panaderia. Luego obtuvo $\frac{1}{6}$ kg de la panadería de su hermana. Si necesita hacer un total de $1\frac{1}{2}$ kg, ¿cuánto dulce le queda por hacer?

Problema 2

Durante el almuerzo, Carlos bebe $2\frac{3}{4}$ tazas de leche. Allison bebe $\frac{3}{8}$ tazas de leche. Carmen bebe $1\frac{1}{6}$ tazas de leche. ¿Cuánta leche beben los 3 estudiantes?

Lee   **Dibuja**   **Escribe**

Nombre _____ Fecha _____

1. Reordena los términos de manera que se pueda sumar o restar mentalmente. Después, resuelve.

   a. $\frac{1}{4} + 2\frac{2}{3} + \frac{7}{4} + \frac{1}{3}$

   b. $2\frac{3}{5} - \frac{3}{4} + \frac{2}{5}$

   c. $4\frac{3}{7} - \frac{3}{4} - 2\frac{1}{4} - \frac{3}{7}$

   d. $\frac{5}{6} + \frac{1}{3} - \frac{4}{3} + \frac{1}{6}$

2. Llena el espacio en blanco para hacer el enunciado verdadero.

   a. $11\frac{2}{5} - 3\frac{2}{3} - \frac{11}{3} =$ _____

   b. $11\frac{7}{8} + 3\frac{1}{5} -$ _____ $= 15$

EUREKA
MATH®

c. $\frac{5}{12} -$ _____ $+ \frac{5}{4} = \frac{2}{3}$

d. _____ $- 30 - 7\frac{1}{4} = 21\frac{2}{3}$

e. $\frac{24}{5} +$ _____ $+ \frac{8}{7} = 9$

f. $11.1 + 3\frac{1}{10} -$ _____ $= \frac{99}{10}$

3. DeAngelo necesita 100 lb de tierra para jardín para la vista de un edificio. En el área de almacenamiento de una empresa, encuentra 2 contenedores que tienen $24\frac{3}{4}$ lb de tierra de jardín cada uno y un tercer contenedor que tiene $19\frac{3}{8}$ lb ¿Cuánto suelo para jardín DeAngelo todavía necesita con el fin de hacer el trabajo?

Lección 14:   Estrategias para resolver problemas de varios pasos.

© 2019 Great Minds®. eureka-math.org

EUREKA MATH

4. Los voluntarios ayudaron a limpiar $11\frac{1}{2}$ kg de la basura en un barrio y $11\frac{1}{2}$ kg en otro. Ellos enviaron a reciclar $1\frac{1}{4}$ kg y tiraron el resto. ¿Cuántos kilogramos de basura tiraron?

Nombre _____   Fecha _____

Llena el espacio en blanco para hacer el enunciado verdadero.

1. $1\frac{3}{4} + \frac{1}{6} +$ _____ $= 7\frac{1}{2}$

2. $8\frac{4}{5} - \frac{2}{3} -$ _____ $= 3\frac{1}{10}$

Nombre _____   Fecha _____

Resuelve los problemas escritos usando la estrategia LDE. Muestra todo tu trabajo.

1. En una carrera, el segundo finalista, cruzó la línea $1\frac{1}{3}$ minutos después del ganador. El tercer finalista llegó $1\frac{3}{4}$ minutos detrás del segundo lugar. El tercer finalista llegó a los $34\frac{2}{3}$ minutos. ¿Cuánto tiempo hizo el ganador?

2. John utilizó $1\frac{3}{4}$ kg de sal para derretir el hielo en la acera. Después, utilizó otros $3\frac{4}{5}$ kg en el camino de la entrada. Si originalmente compró 10 kg de sal, ¿cuánto le queda?

Lección 15:   Resolver problemas escritos de varios pasos: evaluar la lógica de las soluciones que utilizan números de referencia.

109

3. El Siniestro Stan robó $3\frac{3}{4}$ oz de lodo de la Sucia Molly, pero sus planes malignos requieren $6\frac{3}{8}$ oz de lodo. Robó otras $2\frac{3}{5}$ oz del Grosero Ralph. ¿Cuánto lodo más necesita el siniestro Stan por su malvado plan?

4. Gavin tenía 20 minutos para hacer una prueba de tres problemas. Pasó $9\frac{3}{4}$ minutos en el Problema 1 y $3\frac{4}{5}$ minutos el problema 2. ¿Cuánto tiempo le sobran para el Problema 3? Escribe la respuesta en minutos y segundos.

Lección 15:   Resolver problemas escritos de varios pasos: evaluar la lógica de las soluciones que utilizan números de referencia.

© 2019 Great Minds®. eureka-math.org

EUREKA
MATH

5. Matt quiere bajar su tiempo de $2\frac{1}{2}$ minutos de tiempo en la carrera de 5k. Después de un mes de duro entrenamiento, logró bajar su tiempo total de $21\frac{1}{5}$ minutos a $19\frac{1}{4}$ minutos. ¿Cuántos minutos más Matt necesita reducir su tiempo de carrera?

Lección 15:   Resolver problemas escritos de varios pasos: evaluar la lógica de las soluciones
que utilizan números de referencia.

111

© 2019 Great Minds®. eureka-math.org

Nombre _____   Fecha _____

Resuelve el problema escrito usando la estrategia LDE. Muestra todo tu trabajo.

Cheryl compró un sándwich de $5\frac{1}{2}$ dólares y una bebida por $2.60. Si ella pagó su comida con un billete de $10, ¿cuánto dinero le quedó? Escriban su respuesta como una fracción y en dólares y centavos.

Lección 15:   Resolver problemas escritos de varios pasos: evaluar la lógica de las soluciones
que utilizan números de referencia.

113

© 2019 Great Minds®. eureka-math.org

Nombre _____   Fecha _____

1. Dibuja los siguientes listones. Cuando hayas terminado, compara tu trabajo con el de tu compañero o compañera.

    a. 1 listón. La pieza que se muestra abajo es sólo $\frac{1}{3}$ del entero. Completa el dibujo para mostrar toda la cinta.

    b. 1 listón. La pieza que se muestra abajo es $\frac{4}{5}$ del entero. Completa el dibujo para mostrar todo el listón.

    c. 2 listones, A y B. Un tercio de A es igual a todo B. Haz un dibujo de los listones.

    d. 3 listones, C, D y E. C es la mitad de la longitud de D. E es dos veces mayor que D. Haz un dibujo de los listones.

2. La mitad del pedazo de cable de Robert es igual a $\frac{2}{3}$ del cable de María. La longitud total de los cables es de 10 pies.
¿Cuánto más largo es el cable de Robert que el de María?

3. La mitad del cable de Sarah es igual al $\frac{2}{5}$ de Daniel. Cris tiene 3 veces más que Sara. En total, el cable mide 6 pies. ¿Cuánto mide el cable de Sara en pies?

Lección 16:   Explorar las relaciones parte-entero.

EUREKA MATH

Nombre _____   Fecha _____

Dibuja los siguientes listones.

a. 1 listón. La pieza se muestra abajo es sólo $\frac{1}{3}$ del entero. Completa el dibujo para mostrar toda la cinta.

b. 1 listón. La pieza que se muestra abajo $\frac{1}{4}$ es del entero. Completa el dibujo para mostrar toda la cinta.

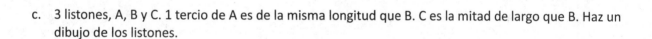

c. 3 listones, A, B y C. 1 tercio de A es de la misma longitud que B. C es la mitad de largo que B. Haz un dibujo de los listones.

5.° grado
Módulo 4

El siguiente diagrama de puntos muestra el crecimiento, en pulgadas, de 10 plantas de frijol durante la segunda semana después de brotar.

Crecimiento del frijol en pulgadas durante la semana dos

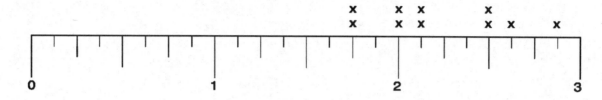

a.   ¿Cuál es la medida de la planta más corta?

b.   ¿Cuántas plantas miden $2\frac{1}{2}$ pulgadas?

c.   ¿Cuál es la medida de la planta más alta?

d.   ¿Cuál es la diferencia entre la medida más larga y la más corta?

Lee   Dibuja   Escribe

Lección 1:   Medir y comparar las longitudes de los lápices al $\frac{1}{2}$, $\frac{1}{4}$, $\frac{1}{8}$ de pulgada más   121
            cercano y analizar los datos por medio de esquemas lineares.

© 2019 Great Minds®. eureka-math.org

Nombre _____   Fecha _____

1. Estima la longitud de tu lápiz a la pulgada más cercana:_____

2. Usando una regla, mide la tira de tu lápiz al $\frac{1}{2}$ de pulgada más cercana y marca la medida con una
    X en la regla de abajo. Construye un esquema linear con las medidas de los lápices de tus compañeros.

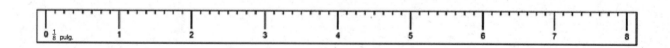

3. Usando una regla, mide la tira de tu lápiz al $\frac{1}{4}$ de pulgada más cercana y marca la medida con una
    X en la regla de abajo. Construye un esquema linear con las medidas de los lápices de tus compañeros.

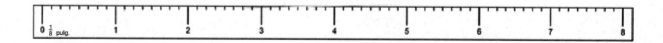

4. Usando una regla, mide la tira de tu lápiz al $\frac{1}{8}$ de pulgada más cercano y marca la medida con una
    X en la regla de abajo. Construye un esquema linear con las medidas de los lápices de tus compañeros.

EUREKA MATH®   **Lección 1:**   Medir y comparar las longitudes de los lápices al $\frac{1}{2}$, $\frac{1}{4}$, $\frac{1}{8}$ de pulgada más   **123**
cercano y analizar los datos por medio de esquemas lineares.

© 2019 Great Minds®. eureka-math.org

5. Usa tus tres esquemas lineares para completar lo siguiente:

a. Compara las tres gráficas y escribe un enunciado que describa en qué se parecen las gráficas y un enunciado que describa en qué son diferentes.

b. ¿Cuál es la diferencia entre la medida del lápiz más largo y la medida del lápiz más corto en cada una de los tres esquemas lineares?

c. Escribe un enunciado que describa cómo harías una regla más precisa para medir la tira de tu lápiz.

Lección 1:   Medir y comparar las longitudes de los lápices al $\frac{1}{2}$, $\frac{1}{4}$, $\frac{1}{8}$ de pulgada más cercano y analizar los datos por medio de esquemas lineares.

EUREKA
MATH®

Nombre _____ Fecha _____

1. Dibuja una esquema linear para los siguientes datos de medidas en pulgadas:

$1\frac{1}{2}, 2\frac{3}{4}, 3, 2\frac{3}{4}, 2\frac{1}{2}, 2\frac{3}{4}, 3\frac{3}{4}, 3, 3\frac{1}{2}, 2\frac{1}{2}, 3\frac{1}{2}$

2. Explica cómo decidiste dividir tus enteros en partes fraccionarias y cómo decidiste dónde empezaría y dónde terminaría tu escala de números.

EUREKA MATH

Lección 1:   Medir y comparar las longitudes de los lápices al $\frac{1}{2}, \frac{1}{4}, \frac{1}{8}$ de pulgada más cercano y analizar los datos por medio de esquemas lineares.

125

© 2019 Great Minds®. eureka-math.org

El diagrama de puntos muestra el total de millas que corrió Noland en su clase de educación física el mes pasado, redondeadas al cuarto de milla más cercano.

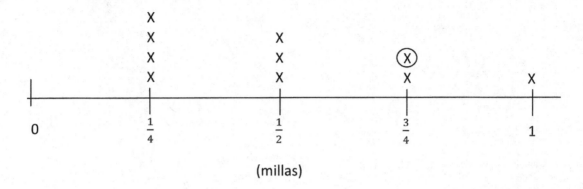

(millas)

a. Si Noland corrió una vez al día, ¿cuántos días corrió?

b. ¿Cuántas millas en total corrió Noland el mes pasado?

c. Observa la cruz dentro del círculo. La distancia que realmente recorrió Noland ese día fue al menos _____ de milla y menor que _____ milla.

Lee   Dibuja   Escribe

Nombre _____   Fecha _____

1. Haz un dibujo para mostrar la división. Escribe una expresión de división en forma de unidades. Después escribe tu respuesta como una fracción. El primero está parcialmente resuelto.

   a. $1 \div 5 = 5$ quintos $\div 5 = 1$ quinto $= \frac{1}{5}$

   b. $3 \div 4$

   c. $6 \div 4$

2. Haz un dibujo para mostrar cómo 2 niños pueden compartir, de forma equitativa, 3 galletas. Escribe una ecuación y expresa tu respuesta como una fracción.

3. Carly y Gina leen el siguiente problema en su clase de matemáticas.

   Se repartieron equitativamente siete barras de cereal entre 3 niños. ¿Cuánto recibió cada niño?

   Carly y Gina resolvieron el problema de forma diferente. Carly le da 2 barras de cereal a cada niño y luego divide la barra de cereal restante entre los 3 niños. Gina divide todas las barras de cereal en tercios y distribuye los tercios, de forma equitativa, entre los 3 niños.

   a. Ilustra las soluciones de ambas niñas.

   b. Explica por qué ambas tienen razón.

EUREKA MATH

4. Llena los espacios en blanco para hacer enunciados numéricos verdaderos.

a. $2 \div 3 =$ ——

b. $15 \div 8 =$ ——

c. $11 \div 4 =$ ——

d. $\frac{3}{2} =$ _____ $\div$ _____

e. $\frac{9}{13} =$ _____ $\div$ _____

f. $1\frac{1}{3} =$ _____ $\div$ _____

Nombre _____   Fecha _____

1. Haz un dibujo para mostrar la expresión de división. Luego, escribe una ecuación y resuélvela.

   a. $3 \div 9$ b. $4 \div 3$

2. Llena los espacios en blanco para hacer enunciados numéricos verdaderos.

   a. $21 \div 8 =$ ——   b. $\dfrac{7}{4} =$ _____ $\div$ _____   c. $4 \div 9 =$ ——   d. $1\dfrac{2}{7} =$ _____ $\div$ _____

Hudson está buscando un asiento en la clase de arte. Busca en el salón y ve una mesa para 4 personas con 1 cubeta con suministros de arte, una mesa para 6 personas con 2 cubetas de suministros y una mesa para 5 personas con 2 cubetas de suministros. ¿Qué mesa debe escoger Hudson si quiere la mayor porción de suministros de arte? Respalda tu respuesta con dibujos.

_____

_____

_____

_____

Lee   Dibuja   Escribe

Nombre _____   Fecha _____

1. Completa la tabla. El primer ejercicio ya está resuelto.

Expresión de división	Forma de unidades	Fracción impropia	Número mixto	Algoritmo estándar (Escribe tu respuesta en números enteros y unidades fraccionarias. Verifica).
a. $5 \div 4$	20 cuartos ÷ 4 = 5 cuartos	$\frac{5}{4}$	$1\frac{1}{4}$	$4\overline{)5}$ con cociente $1\frac{1}{4}$, -4, resto 1. Verifica: $4 \times 1\frac{1}{4} = 1\frac{1}{4} + 1\frac{1}{4} + 1\frac{1}{4} + 1\frac{1}{4}$ $= 4 + \frac{4}{4}$ $= 4 + 1$ $= 5$
b. $3 \div 2$	____ medios ÷ 2 = ____ medios		$1\frac{1}{2}$	
c. ____ ÷ ____	24 cuartos ÷ 4 = 6 cuartos			$4\overline{)6}$
d. $5 \div 2$		$\frac{5}{2}$	$2\frac{1}{2}$	

2. El director distribuye 6 resmas de papel de copias entre 8 maestros de 5° grado.

    a. ¿Cuántas resmas de papel recibe cada maestro de 5° grado? Explica cómo lo sabes usando dibujos, palabras o números.

    b. Si hubiera el doble de resmas de papel y la mitad de maestros, ¿cómo cambiaría la cantidad que recibiría cada maestro? Explica cómo lo sabes usando dibujos, palabras o números.

3. Un proveedor de comida preparó 16 charolas de alimentos calientes para un evento. Las charolas están en cajas para calentar para ser entregadas. En cada caja caben 5 charolas de alimentos.

    a. ¿Cuánto sería el mínimo de cajas para calentar necesarias, sabiendo que el proveedor de comida desea usar el menor número posible? Explica cómo lo sabes.

    b. Si el proveedor llena completamente las cajas antes de usar otra, ¿qué fracción de la última caja estaría vacía?

EUREKA MATH

Nombre _____   Fecha _____

El panadero hizo 9 lotes de mantecadas, cada uno de diferente tipo. Cuatro personas quieren compartirlos equitativamente. ¿Cuántas mantecadas recibirá cada persona?

Llena la tabla para mostrar cómo resolver el problema.

Expresión de división	Forma de unidades	Fracción y número mixto	Algoritmo estándar

Haz un dibujo para mostrar tu razonamiento:

Cuatro grados distintos necesitan tiempos iguales para recreos en interiores y el gimnasio está disponible durante tres horas.

    a. ¿Cuántas horas de recreo recibirá cada nivel de grado? Haz un dibujo para respaldar tu respuesta.

    b. ¿Cuántos minutos?

Lee   **Dibuja**   **Escribe**

Lección 4:   Usar diagramas de cinta para representar las fracciones como una división.

© 2019 Great Minds®. eureka-math.org

141

c. Si el gimnasio puede acomodar dos grados a la vez, ¿cuántas horas de recreo recibirán 2 grados en 3 horas?

Lee   **Dibuja**   **Escribe**

Lección 4:   Usar diagramas de cinta para representar las fracciones como una división.

Nombre _____   Fecha _____

1. Haz un diagrama de cinta para resolver. Escribe tu respuesta como una fracción. Muestra un enunciado
    de multiplicación para comprobar tu respuesta. El primer ejercicio ya está resuelto.

a. $1 \div 3 = \frac{1}{3}$

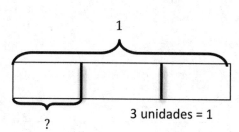

Verifica: $3 \times \frac{1}{3}$

$$\begin{array}{r} 0 \quad \frac{1}{3} \\ 3\,\overline{\big)\,1} \\ -0 \\ \hline 1 \end{array}$$

$= \frac{1}{3} + \frac{1}{3} + \frac{1}{3}$

$= \frac{3}{3}$

$= 1$

3 unidades = 1

1 unidad = $1 \div 3$

$= \frac{1}{3}$

b. $2 \div 3 =$ ——

c. $7 \div 5 =$ ——

d. $14 \div 5 =$ _____

Lección 4:   Usar diagramas de cinta para representar las fracciones como una
                    división.

EUREKA
MATH®

© 2019 Great Minds®. eureka-math.org

143

2. Completa la tabla. El primer ejercicio ya está resuelto.

Expresión de división	Fracción	¿Entre qué dos números enteros está tu respuesta?	Algoritmo estándar
a. $13 \div 3$	$\dfrac{13}{3}$	4 y 5	$\begin{array}{r} 4\ \frac{1}{3} \\ 3\overline{)\ 13} \\ -12 \\ \hline 1 \end{array}$
b. $6 \div 7$		0 y 1	$7\overline{)\ 6}$
c. _____ ÷ _____	$\dfrac{55}{10}$		$\overline{)}$
d. _____ ÷ _____	$\dfrac{32}{40}$		$40\overline{)\ 32}$

EUREKA
MATH

3. Greg gastó $4 en 5 paquetes de tarjetas de deportes.

    a. ¿Cuánto gastó Greg en cada paquete?

    b. Si Greg gastó la mitad de ese dinero y compró el doble de paquetes de tarjetas, ¿cuánto dinero gastó en cada paquete? Explica tu razonamiento.

4. Se utilizaron cinco libras de alpiste para llenar 4 comederos.

    a. ¿Con qué fracción de alpiste se llena un comedero?

    b. ¿Con cuántas libras de alpiste se llena cada comedero? Haz un diagrama de cinta para mostrar tu razonamiento.

    c. ¿Con cuántas onzas de alpiste se llenan tres comederos?

Nombre _____   Fecha _____

Matthew y sus 3 hermanos están sembrando una cama de flores con un área de 9 yardas cuadradas. Si comparten el trabajo equitativamente, ¿cuántas yardas cuadradas de la cama de flores tiene que sembrar cada niño? Usa un diagrama de cinta para mostrar tu razonamiento.

Lección 4:   Usar diagramas de cinta para representar las fracciones como una   147
                 división.

© 2019 Great Minds®. eureka-math.org

Nombre _____ Fecha _____

1. Se utilizan 2 yardas de tela para hacer 5 almohadas idénticas. ¿Cuánta tela se usa en cada almohada?

2. Una heladería usa 4 pintas de helado para hacer 6 sundaes. ¿Cuántas pintas de helado se usan en cada sundae?

3. Una heladería usa 6 plátanos para hacer 4 sundaes idénticos. ¿Cuántos plátanos se usan en cada sundae? Usa un diagrama de cinta para mostrar tu trabajo.

Lección 5:   Resolver problemas escritos de división de números enteros cuyas respuestas están expresadas en fracciones o en números enteros.

149

© 2019 Great Minds®. eureka-math.org

4. Julián debe leer 4 artículos para la escuela. Tiene 8 noches para leerlos. Decide leer la misma cantidad de artículos cada noche.

   a.   ¿Cuántos artículos tiene que leer por noche?

   b.   ¿Qué fracción de la tarea de lectura leerá cada noche?

5. 40 estudiantes compartieron equitativamente 5 pizzas. ¿Qué cantidad de pizza recibe cada estudiante? ¿Qué fracción de pizza recibe cada estudiante?

6. Lilian tiene 2 botellas de refresco de dos litros que reparte equitativamente en 10 vasos.

   a.   ¿Cuánto refresco hay en cada vaso? Escribe tu respuesta como una fracción de un litro.

Lección 5:   Resolver problemas escritos de división de números enteros cuyas respuestas están expresadas en fracciones o en números enteros.

© 2019 Great Minds®. eureka-math.org

EUREKA MATH

b.   Escribe tu respuesta como un número decimal de litros.

c.   Escribe tu respuesta como un número entero de mililitros.

7.   A la familia Calef le gusta remar a lo largo del río Susquehanna.

a.   Durante el transcurso de 3 días, la familia remó la misma distancia cada día, recorriendo un total de 14 millas. ¿Cuántas millas recorrieron cada día? Haz un diagrama de cinta para mostrar tu razonamiento.

b.   Si los Calef recorrieran la mitad de la distancia cada día, pero extendieran su viaje al doble de días, ¿qué distancia recorrerían?

   Lección 5:   Resolver problemas escritos de división de números enteros cuyas respuestas están expresadas en fracciones o en números enteros.   151

© 2019 Great Minds®. eureka-math.org

Nombre _____   Fecha _____

Un saltamontes cubrió una distancia de 5 yardas en 9 saltos iguales. ¿Cuántas yardas recorre el saltamontes en cada salto?

a.   Haz un dibujo para respaldar tu trabajo.

b.   ¿Cuántas yardas recorre el saltamontes después de saltar dos veces?

Lección 5:   Resolver problemas escritos de división de números enteros cuyas
respuestas están expresadas en fracciones o en números enteros.

153

© 2019 Great Minds®. eureka-math.org

Olivia tiene la mitad de la edad de su hermano, Adán. La hermana de Olivia, Ava, tiene el doble de la edad de Adán. Adán tiene 4 años. ¿Qué edad tienen las hermanas? Usa diagramas de cinta para mostrar tu razonamiento.

_____

_____

_____

_____

Lee   **Dibuja**   **Escribe**

Lección 6:   Asociar las fracciones como una división a fracciones de un conjunto.

155

© 2019 Great Minds®. eureka-math.org

Nombre _____   Fecha _____

1. Encuentra el valor de cada uno de los siguientes ejercicios.

a. △|△|△
   △|△|△
   △|△|

$\frac{1}{3}$ de 9 =

$\frac{2}{3}$ de 9 =

$\frac{3}{3}$ de 9 =

b. △ △ △ △ △
   △ △ △ △
   △ △ △ △ △

$\frac{1}{3}$ de 15 =

$\frac{2}{3}$ de 15 =

$\frac{3}{3}$ de 15 =

c.

$\frac{1}{5}$ de 20 =

$\frac{4}{5}$ de 20 =

$\frac{}{5}$ de 20 = 20

d.

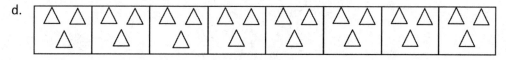

$\frac{1}{8}$ de 24 = $\frac{6}{8}$ de 24 =

$\frac{3}{8}$ de 24 = $\frac{7}{8}$ de 24 =

$\frac{4}{8}$ de 24 =

© 2019 Great Minds®. eureka-math.org

2. Encuentra $\frac{4}{7}$ de 14. Dibuja un conjunto y sombréalo para mostrar tu razonamiento.

3. ¿Cómo te ayuda saber $\frac{1}{8}$ de 24 para encontrar tres octavos de 24? Haz un dibujo para explicar tu razonamiento.

4. Hay 32 estudiantes en un grupo. $\frac{3}{8}$ de los estudiantes de la clase traen su almuerzo. ¿Cuántos estudiantes traen su almuerzo?

5. Jack recolectó 18 billetes de diez dólares vendiendo boletos para un espectáculo. Le dio $\frac{1}{6}$ de los billetes al teatro y se quedó con el resto. ¿Con cuánto dinero se quedó?

EUREKA MATH

Nombre _____   Fecha _____

1. Encuentra el valor de cada uno de los siguientes.

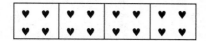

a. $\frac{1}{4}$ de 16 =

b. $\frac{3}{4}$ de 16 =

2. De 18 galletas, $\frac{2}{3}$ son de chispas de chocolate. ¿Cuántas galletas son de chispas de chocolate?

El Sr. Peterson compró un paquete (24 cajas) de jugo de fruta. Un tercio de las bebidas eran de uva y dos tercios de arándano. ¿Cuántas cajas de cada sabor compró el Sr. Peterson? Muestra tu trabajo usando un diagrama de cinta o una matriz.

_____

_____

_____

Lee **Dibuja** **Escribe**

Lección 7:   Multiplicar cualquier número entero por una fracción usando diagramas de cinta.

161

© 2019 Great Minds®. eureka-math.org

Nombre _____ Fecha _____

1. Resuelve usando un diagrama de cinta.

   a. $\frac{1}{3}$ de 18

   b. $\frac{1}{3}$ de 36

   c. $\frac{3}{4} \times 24$

   d. $\frac{3}{8} \times 24$

   e. $\frac{4}{5} \times 25$

   f. $\frac{1}{7} \times 140$

   g. $\frac{1}{4} \times 9$

   h. $\frac{2}{5} \times 12$

   i. $\frac{2}{3}$ de un número es 10. ¿Qué número es?

   j. $\frac{3}{4}$ de un número es 24. ¿Qué número es?

EUREKA MATH

Lección 7:   Multiplicar cualquier número entero por una fracción usando diagramas de cinta.

163

© 2019 Great Minds®. eureka-math.org

2. Resuelve usando diagramas de cinta.

   a. 48 estudiantes saldrán en una excursión. Un cuarto son niñas. ¿Cuántos niños van en la excursión?

   b. A continuación, hay tres ángulos macados con arcos. El ángulo más pequeño es $\frac{3}{8}$ del tamaño del ángulo de 160°. Encuentra el valor del ángulo a.

   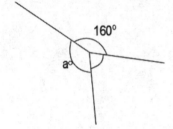

   c. Abbie gastó $\frac{5}{8}$ de su dinero y ahorró el resto. Si gastó $45, ¿cuánto dinero tenía al principio?

   d. La Sra. Harrison usó 16 onzas de chocolate oscuro para hornear. Usó $\frac{2}{5}$ de chocolate para hacer el glaseado y usó el resto para hacer brownies. ¿Cuánto más chocolate usó la Sra. Harrison en los brownies que lo que usó en el glaseado?

164   Lección 7:   Multiplicar cualquier número entero por una fracción usando
                            diagramas de cinta.

                    © 2019 Great Minds®. eureka-math.org

EUREKA
MATH

Nombre _____   Fecha _____

Resuelve usando un diagrama de cinta.

a. $\frac{3}{5}$ de 30

b. $\frac{3}{5}$ de un número es 30. ¿Qué número es?

c. La Sra. Johnson horneó 2 docenas de galletas. Dos tercios de las galletas eran de avena. ¿Cuántas galletas de avena horneó la Sra. Johnson?

5to grado: Hoja de referencia de matemáticas

FÓRMULAS

Prisma rectangular recto

Volumen = lwh

Volumen = Bh

CONVERSIONES

1 centímetro = 10 milímetros

1 metro = 100 centímetros = 1,000 milímetros

1 kilómetro = 1,000 gramos

1 gramos = 1,000 milímetros

1 kilómetro = 1,000 gramos

1 libra = 16 onzas

1 tonelada = 2 000 libras

1 taza = 8 onzas de fluido

1 pinta = 8 tazas

1 cuarto = 2 pintas

1 galón = 4 cuartos

1 litros = 1,000 mililitros

1 kilómetro = 1 000 litros

1 milla = 5,280 pies

1 milla = 1,760 yardas

EUREKA MATH®

Lección 8:   Relacionar la fracción de un conjunto con la interpretación de una suma repetida de una multiplicación de fracción.

167

Sasha organiza la galería de arte en el centro comunitario de su ciudad. Este mes, tiene 24 piezas nuevas que agregar a la galería. De las piezas nuevas, $\frac{1}{6}$ de ellas son fotografías y $\frac{2}{3}$ son pinturas. ¿Cuántas pinturas más que fotos hay?

_____

_____

_____

_____

Lee   **Dibuja**   **Escribe**

EUREKA MATH®

Lección 8:   Relacionar la fracción de un conjunto con la interpretación de una suma repetida de una multiplicación de fracción.

169

Nombre _____ Fecha _____

1. Laura y Sean encuentran el producto de $\frac{2}{3} \times 4$ usando métodos diferentes.

    Laura: Son 2 tercios de 4. *Sean:* Son 4 grupos de 2 tercios.

    $\frac{2}{3} \times 4 = \frac{4}{3} + \frac{4}{3} = 2 \times \frac{4}{3} = \frac{8}{3}$ $\frac{2}{3} + \frac{2}{3} + \frac{2}{3} + \frac{2}{3} = 4 \times \frac{2}{3} = \frac{8}{3}$

    En el espacio de abajo, usa palabras, imágenes o números para comparar sus métodos.

2. Reescribe las siguientes expresiones de suma como fracciones, como se muestra en el ejemplo.

    Ejemplo: $\frac{2}{3} + \frac{2}{3} + \frac{2}{3} + \frac{2}{3} = \frac{4 \times 2}{3} = \frac{8}{3}$

    a. $\frac{7}{4} + \frac{7}{4} + \frac{7}{4} =$ b. $\frac{14}{5} + \frac{14}{5} =$ c. $\frac{4}{7} + \frac{4}{7} + \frac{4}{7} =$

3. Resuelve y representa cada problema con una fracción de un conjunto y como una suma repetida.

    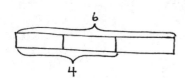   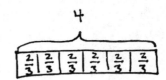

    Ejemplo: $\frac{2}{3} \times 6 = 2 \times \frac{6}{3} = 2 \times 2 = 4$ $6 \times \frac{2}{3} = \frac{6 \times 2}{3} = 4$

    a. $\frac{1}{2} \times 8$ $8 \times \frac{1}{2}$

    b. $\frac{3}{5} \times 10$ $10 \times \frac{3}{5}$

EUREKA MATH®

Lección 8:   Relacionar la fracción de un conjunto con la interpretación de una suma repetida de una multiplicación de fracción.

171

4. Resuelve cada problema de dos formas diferentes, como se muestra en el ejemplo.

Ejemplo: $6 \times \frac{2}{3} = \frac{6 \times 2}{3} = \frac{3 \times 2 \times 2}{3} = \frac{3 \times 4}{3} = 4$

$6 \times \frac{2}{3} = \frac{\overset{2}{\cancel{6}} \times 2}{\underset{1}{\cancel{3}}} = 4$

a. $14 \times \frac{3}{7}$

$14 \times \frac{3}{7}$

b. $\frac{3}{4} \times 36$

$\frac{3}{4} \times 36$

c. $30 \times \frac{13}{10}$

$30 \times \frac{13}{10}$

d. $\frac{9}{8} \times 32$

$\frac{9}{8} \times 32$

5. Resuelve cada problema en la forma que prefieras.

a. $\frac{1}{2} \times 60$

$\frac{1}{2}$ de minuto = _____ segundos

b. $\frac{3}{4} \times 60$

$\frac{3}{4}$ de una hora = _____ minutos

c. $\frac{3}{10} \times 1,000$

$\frac{3}{10}$ de kilogramo = _____ gramos

d. $\frac{4}{5} \times 100$

$\frac{4}{5}$ de metro = _____ centímetros

Lección 8:   Relacionar la fracción de un conjunto con la interpretación de una suma repetida de una multiplicación de fracción.

© 2019 Great Minds®. eureka-math.org

EUREKA MATH

Nombre _____   Fecha _____

Resuelve cada problema de dos formas diferentes, como se muestra en el ejemplo.

Ejemplo: $\frac{2}{3} \times 6 = \frac{2 \times 6}{3} = \frac{12}{3} = 4$ $\frac{2}{3} \times 6 = \frac{2 \times \cancel{6}^{2}}{\cancel{3}_{1}} = 4$

a. $\frac{2}{3} \times 15$ $\frac{2}{3} \times 15$

b. $\frac{5}{4} \times 12$ $\frac{5}{4} \times 12$

Lección 8:   Relacionar la fracción de un conjunto con la interpretación de una suma repetida de una multiplicación de fracción.

173

En un museo hay 42 personas. Dos tercios son niños. ¿Cuántos niños hay en el museo?

Extensión: si 13 de los niños son niñas, ¿cuántos niños más que niñas hay en el museo?

_____

_____

_____

_____

Lee **Dibuja** **Escribe**

Lección 9:   Encontrar la fracción de una medida y resolver problemas escritos.

175

© 2019 Great Minds®. eureka-math.org

Nombre _____   Fecha _____

1. Convierte. Muestra tu trabajo usando un diagrama de cinta o una ecuación. El primer ejercicio ya está resuelto.

a. $\frac{1}{2}$ yarda = ___ $1\frac{1}{2}$ ___ pies
 	
 $\frac{1}{2}$ yarda = $\frac{1}{2} \times 1$ yarda
 	
       = $\frac{1}{2} \times 3$ pies
 	
       = $\frac{3}{2}$ pies
 	
       = $1\frac{1}{2}$ pies
	b. $\frac{1}{3}$ de pie = _____ pulgadas
	
	 $\frac{1}{3}$ de pie = $\frac{1}{3} \times 1$ pie
	
	       = $\frac{1}{3} \times 12$ in
	
	       =

c. $\frac{5}{6}$ de un año = _____ meses	**d.** $\frac{4}{5}$ de metro = _____ centímetros
e. $\frac{2}{3}$ de hora = _____ minutos	**f.** $\frac{3}{4}$ de yarda = _____ pulgadas

2. La Sra. Lang le dijo a su clase que el hámster mascota de la clase medía $\frac{1}{4}$ pies de largo. ¿Cuál es la longitud del hámster en pulgadas?

3. En el mercado, el Sr. Paul compró $\frac{7}{8}$ de libra de nueces de la India y $\frac{3}{4}$ de libra de nueces.

   a. ¿Cuántas onzas de nueces de la India compró el Sr. Paul?

   b. ¿Cuántas onzas de nueces compró el Sr. Paul?

   c. ¿Cuántas onzas más de nueces de la India que de nueces compró el Sr. Paul?

   d. Si la Sra. Toombs compró $1\frac{1}{2}$ libras de pistaches, ¿quién compró más frutas secas, el Sr. Paul o la Sra. Toombs? ¿Cuántas onzas más?

4. Una joyera compró 20 pulgadas de cadena de oro. Usó $\frac{3}{8}$ de la cadena para una pulsera. ¿Cuántas pulgadas de cadena de oro le quedan?

Lección 9:   Encontrar la fracción de una medida y resolver problemas escritos.

EUREKA MATH

Nombre _____   Fecha _____

1. Expresa 36 minutos como una fracción de una hora. 36 minutos = _____ de una hora

2. Resuelve.

   a. $\frac{2}{3}$ de pie = _____ pulgadas   b. $\frac{2}{5}$ m = _____ cm   c. $\frac{5}{6}$ de un año = _____ meses

Bridget tiene $240. Gastó $\frac{3}{5}$ de su dinero y ahorró el resto. ¿Cuánto dinero gastó y cuánto ahorró?

Lee   **Dibuja**   **Escribe**

Nombre _____   Fecha _____

1. Escribe expresiones que coincidan con los diagramas. Luego, evalúalas.

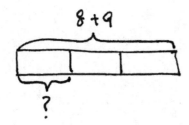

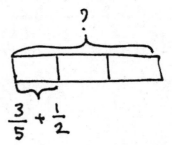

2. Escribe una expresión que coincida y después evalúala.

    a. $\frac{1}{6}$ la suma de 16 y 20

    b.   Restar 5 de $\frac{1}{3}$ de 23.

    c.   3 veces la suma de $\frac{3}{4}$ y $\frac{2}{6}$

    d. $\frac{2}{5}$ del producto de $\frac{5}{6}$ y 42

    e.   8 copias de la suma de 4 tercios y 2 más

    f.   4 veces 1 tercio de 8

3. Encierra en un círculo la(s) expresión(es) que tienen el mismo producto que $\frac{4}{5} \times 7$. Explica cómo lo sabes.

$4 \div (7 \times 5)$ $7 \div 5 \times 4$ $(4 \times 7) \div 5$ $4 \div (5 \times 7)$ $4 \times \frac{7}{5}$ $7 \times \frac{4}{5}$

4. Usa <, > o = para hacer enunciados numéricos verdaderos sin hacer cálculos. Explica tu razonamiento.

a. $4 \times 2 + 4 \times \frac{2}{3}$ $\bigcirc$ $3 \times \frac{2}{3}$

b. $\bigcirc$ $\left(5 \times \frac{3}{4}\right) \times \frac{2}{7}$

c. $3 \times \left(3 \times \frac{15}{12}\right)$ $\bigcirc$ $(3 \times 3) + \frac{15}{12}$

EUREKA
MATH®

5. Collette compró leche para ella durante un mes y registró la cantidad en la siguiente tabla. Para los incisos (a) a (c), escribe una expresión que registre el cálculo descrito. Después, resuelve para encontrar los datos faltantes de la tabla.

a. Ella compró $\frac{1}{4}$ del total de julio en junio.

b. En septiembre compró $\frac{3}{4}$ de lo que compró en enero y julio combinados.

c. En abril, compró $\frac{1}{2}$ galón menos que el doble de lo que compró en agosto.

Mes	Cantidad (en galones)
Enero	3
Febrero	2
Marzo	$1\frac{1}{4}$
Abril	
Mayo	$\frac{7}{4}$
Junio	
Julio	2
Agosto	1
Septiembre	
Octubre	$\frac{1}{4}$

d. Muestra los datos de la tabla en un esquema lineal.

e. ¿Cuántos galones de leche compró Collette de enero a octubre?

Nombre _____   Fecha _____

1. Reescribe estas expresiones usando palabras.

    a. $\frac{3}{4} \times \left(2\frac{2}{5} - \frac{5}{6}\right)$

    b. $2\frac{1}{4} + \frac{8}{3}$

2. Escribe una expresión y luego resuelve.

    Tres menos que un cuarto del producto de ocho tercios y nueve.

Nombre _____ Fecha _____

1. Kim y Courtney compartieron una caja de cereal de 16 onzas. Al final de la semana, Kim ha comido $\frac{3}{8}$ y Courtney $\frac{1}{4}$ de la caja de cereal. ¿Qué fracción de la caja queda?

2. Mathilde tiene 20 pintas de pintura verde. Usa $\frac{2}{5}$ de la pintura para pintar un paisaje y $\frac{3}{10}$ para pintar un trébol. Decide que, para su siguiente pintura, va a necesitar 14 pintas de pintura verde. ¿Cuánto más de pintura tendrá que comprar?

Lección 11: Resolver y crear problemas escritos de fracciones con sumas, restas y multiplicaciones.

3. Jack, Jill y Bill cargaron, cada uno, una cubeta de 48 onzas llena de agua colina abajo. Cuando llegaron abajo, la cubeta de Jack estaba llena a $\frac{3}{4}$, la de Jill estaba llena a $\frac{2}{3}$ y la de Bill estaba llena a $\frac{1}{6}$. ¿Cuánta agua derramaron en total en su descenso de la colina?

4. La Sra. Díaz prepara 5 docenas de galletas para su clase. Un noveno de sus 27 estudiantes está ausente el día que lleva las galletas. Si compartió las galletas de manera equitativa, entre los estudiantes que están presentes, ¿cuántas galletas recibe cada uno?

5. Crea un problema razonado acerca de una pecera con el siguiente diagrama de cinta. Tu historia debe incluir una fracción.

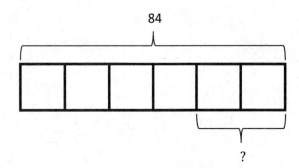

Lección 11:   Resolver y crear problemas escritos de fracciones con sumas, restas y multiplicaciones.

© 2019 Great Minds®. eureka-math.org

EUREKA
MATH

Nombre _____   Fecha _____

Haz un diagrama de cinta para resolverlo.

$\frac{2}{3}$ de 5

Lección 11:   Resolver y crear problemas escritos de fracciones con sumas, restas y
multiplicaciones.

© 2019 Great Minds®. eureka-math.org

191

Completa la tabla.

$\frac{2}{3}$ del jardín	_____ pie(s)
4 libras	_____ onza(s)
8 toneladas	_____ libra(s)
$\frac{3}{4}$ de galón	_____ cuarto(s) de galón
$\frac{5}{12}$ de un año	_____ mes(es)
$\frac{4}{5}$ de una hora	_____ minuto(s)

Lee　　　Dibuja　　　Escribe

Lección 12:　Resolver y crear problemas escritos de fracciones con sumas, restas y multiplicaciones.

© 2019 Great Minds®. eureka-math.org

193

Nombre _____ Fecha _____

1. Un equipo de béisbol jugó 32 partidos y perdió 8. Katy fue la receptora en $\frac{5}{8}$ de los partidos ganados y $\frac{1}{4}$ de los partidos perdidos.

   a. ¿Qué fracción de los partidos ganó el equipo?

   b. ¿En cuántos partidos jugó Katy como receptora?

2. En el jardín de la Sra. Elliott, $\frac{1}{8}$ de las flores son rojas, $\frac{1}{4}$ son púrpuras y $\frac{1}{5}$ de las flores restantes son rosas. Si hay 128 flores, ¿cuántas flores son rosas?

Lección 12:   Resolver y crear problemas escritos de fracciones con sumas, restas y
              multiplicaciones.

195

© 2019 Great Minds®. eureka-math.org

3. Lillian y Darlene planean terminar la tarea en una hora. Darlene termina su tarea de matemáticas en $\frac{3}{5}$ de una hora. Lillian termina su tarea de matemáticas y le quedan $\frac{5}{6}$ de una hora. ¿Quién terminó la tarea más rápido y por cuántos minutos?

Extensión: Da la respuesta como una fracción de una hora.

4. Crea y resuelve un problema escrito acerca de un panadero y cierta cantidad de harina, la respuesta debe estar dada por la expresión $\frac{1}{4} \times (3+5)$.

Lección 12:   Resolver y crear problemas escritos de fracciones con sumas, restas y multiplicaciones.

EUREKA MATH

5. Crea y resuelve un problema escrito acerca de un panadero y 36 kilogramos de un ingrediente que esté representado por el siguiente diagrama de cinta. Incluye al menos una fracción en tu historia.

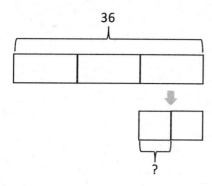

6. De los estudiantes de la clase de 5° grado del Sr. Smith, $\frac{1}{3}$ no estuvieron el lunes. De los de estudiantes de la clase de la Sra. Jacob, $\frac{2}{5}$ no estuvieron el lunes. Si 4 estudiantes estuvieron ausentes en cada grupo, el lunes, ¿cuántos estudiantes hay en cada grupo?

Lección 12: Resolver y crear problemas escritos de fracciones con sumas, restas y multiplicaciones.

197

© 2019 Great Minds®. eureka-math.org

Nombre _____   Fecha _____

En un salón de clases, $\frac{1}{6}$ de los estudiantes están usando camisas azules y $\frac{2}{3}$ están usando camisas blancas. Hay 36 estudiantes en la clase. ¿Cuántos estudiantes están usando una camisa que no sea azul o blanca?

Lección 12:   Resolver y crear problemas escritos de fracciones con sumas, restas y multiplicaciones.

© 2019 Great Minds®. eureka-math.org

199

Nombre _____   Fecha _____

1. Resuelve. Haz un modelo de fracción rectangular para mostrar tu razonamiento. Después escribe un enunciado de multiplicación. El primer ejercicio ya está resuelto.

a. La mitad de $\frac{1}{4}$ de la bandeja de $\frac{1}{8}$ brownies = _____ bandeja de brownies.

$\frac{1}{2} \times \frac{1}{4} = \frac{1}{8}$

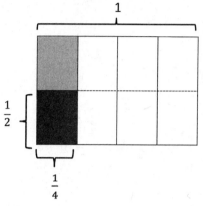

b. La mitad de $\frac{1}{3}$ de la bandeja de brownies = _____ bandeja de brownies.

c. Un cuarto de $\frac{1}{3}$ de la bandeja de brownies = _____ bandeja de brownies.

d. $\frac{1}{4}$ de $\frac{1}{4}$

e. $\frac{1}{2}$ de $\frac{1}{6}$

2. Dibuja modelos de fracciones rectangulares de $3 \times \frac{1}{4}$ y $\frac{1}{3} \times \frac{1}{4}$. Compara multiplicar un número por 3 y 1 tercio.

3. $\frac{1}{2}$ del espacio de trabajo de lla está cubierto de papel. $\frac{1}{3}$ del papel está cubierto de notas adhesivas amarillas. ¿Qué fracción de la estación de trabajo de lia está cubierta de notas autoadhesivas amarillas? Dibuja una imagen para respaldar tu respuesta.

4. Una banda está ensayando en la formación rectangular. $\frac{1}{5}$ de los miembros de la banda tocan instrumentos de percusión. $\frac{1}{2}$ de los percusionistas tocan el tambor de trampa. ¿Qué fracción de los miembros de la banda tocan el tambor redoblante?

5. Marie está diseñando una colcha para la nueva habitación de su nieto. $\frac{2}{3}$ de la colcha está cubierta por coches de carreras y el resto tiene rayas. $\frac{1}{4}$ de las rayas son de color rojo. ¿Qué fracción de la colcha está cubierta de rayas rojas?

Nombre _____   Fecha _____

1. Resuelve. Dibuja un modelo de fracción rectangular y escribe un enunciado numérico para mostrar tu forma de pensar.

    $\frac{1}{3} \times \frac{1}{3} =$

2. La Srta. Sheppard corta $\frac{1}{2}$ de un pedazo de papel de construcción. Utiliza $\frac{1}{6}$ de la pieza para hacer una flor. ¿Qué fracción de la hoja de papel usó para hacer la flor?

Resuelve dibujando un modelo de fracción rectangular y escribiendo un enunciado de multiplicación.

Beth tenía $\frac{1}{4}$ de caja de dulces. Comió la $\frac{1}{2}$ de los dulces. ¿Qué fracción de toda la caja le queda?

Extensión: si Beth decide volver a llenar la caja, ¿qué fracción de la caja tendría que llenar?

_____

_____

_____

_____

Lee   Dibuja   Escribe

Nombre _____   Fecha _____

1. Resuelve. Haz un modelo de fracción rectangular para mostrar tu razonamiento. Después escribe un enunciado numérico. El ejemplo ya está resuelto.

   Ejemplo:

   $\frac{1}{2}$ de $\frac{2}{5} = \frac{1}{2}$ de 2 quintos = 1 quinto

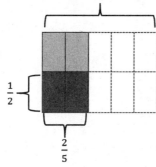

   $\frac{1}{2} \times \frac{2}{5} = \frac{2}{10} = \frac{1}{5}$

   a. $\frac{1}{3}$ de $\frac{3}{4} = \frac{1}{3}$ de _____ cuartos = _____ cuartos   b. $\frac{1}{2}$ de $\frac{4}{5} = \frac{1}{2}$ de _____ quintos = _____ quintos

   c. $\frac{1}{2}$ de $\frac{2}{2} =$ d. $\frac{2}{3}$ de $\frac{1}{2} =$

   e. $\frac{1}{2} \times \frac{3}{5} =$ f. $\frac{2}{3} \times \frac{1}{4} =$

2. $\frac{5}{8}$ de las canciones en el reproductor de música de Harrison son hip-hop. $\frac{1}{3}$ de las canciones restantes son rhythm and blues. ¿Qué fracción de las canciones son rhythm and blues? Haz un diagrama de cinta para resolverlo.

3. Tres quintos de los estudiantes en una habitación son niñas. Un tercio de las niñas tienen el pelo rubio. La mitad de los niños tienen el pelo castaño.

   a. ¿Qué fracción de todos los estudiantes son niñas con el pelo rubio?

   b. ¿Qué fracción de todos los estudiantes son niños sin pelo castaño?

4. Cody y Sam podaron el jardín el sábado. Su papá le dijo a Cody que podara $\frac{1}{4}$ del jardín. Le dijo a Sam que podara $\frac{1}{3}$ del resto del jardín. Su papá les pagó la misma cantidad de dinero a ambos. Sam dijo: "¡Papá, eso no es justo, tuve que cortar un tercio y Cody sólo cortó un cuarto!" Explícale a Sam por qué su razonamiento es erróneo. Haz un dibujo para apoyar su razonamiento.

Lección 14:   Multiplicar fracciones unitarias por fracciones no unitarias.

EUREKA MATH®

Nombre _____ Fecha _____

1. Resuelve. Haz unmodelo de fracción rectangular para mostrar tu razonamiento. Después escribe un enunciado numérico.

   $\frac{1}{3}$ of $\frac{3}{7}$ =

2. En un tarro de galletas, $\frac{1}{4}$ de las galletas son de chispas de chocolate y $\frac{1}{2}$ del resto son de mantequilla de maní. ¿Qué fracción son galletas de mantequilla de maní?

Kendra gastó $\frac{1}{3}$ de su mesada en un libro y $\frac{2}{5}$ en un bocadillo. Si le quedaban cuatro dólares después de comprar un libro y un bocadillo, ¿cuál fue la cantidad total de su mesada?

_____

_____

_____

_____

Lee   Dibuja   Escribe

Nombre _____   Fecha _____

1. Resuelve. Haz un modelo de fracción rectangular para mostrar tu razonamiento. Después escribe un enunciado de multiplicación. El primer ejercicio ya está resuelto.

a. $\frac{2}{3}$ de $\frac{3}{5}$

   $\frac{2}{3} \times \frac{3}{5} = \frac{6}{15} = \frac{2}{5}$

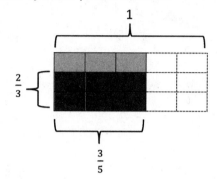

b. $\frac{3}{5}$ de $\frac{4}{5}$ =

c. $\frac{2}{5}$ de $\frac{2}{3}$ =

d. $\frac{4}{5} \times \frac{2}{3}$ =

e. $\frac{3}{4} \times \frac{2}{3}$ =

2. Multiplica. Dibuja un modelo de fracción rectangular si te ayuda o utiliza el método en el ejemplo.

   Ejemplo: $\frac{6}{7} \times \frac{5}{8} = \frac{\overset{3}{\cancel{6}} \times 5}{7 \times \underset{4}{\cancel{8}}} = \frac{15}{28}$

a. $\frac{3}{4} \times \frac{5}{6}$

b. $\frac{4}{5} \times \frac{5}{8}$

c. $\frac{2}{3} \times \frac{6}{7}$

d. $\frac{4}{9} \times \frac{3}{10}$

3. La familia de Phillip viajó $\frac{3}{10}$ de la distancia a la casa de su abuela el sábado. Viajaron $\frac{4}{7}$ de la distancia que falta el domingo. ¿Qué fracción del total hasta la casa de su abuela se recorrió el domingo?

4. Santino compró una bolsa de $\frac{3}{4}$ de libras de chispas de chocolate. Usó $\frac{2}{3}$ de la bolsa para hornear. ¿Cuántas libras de chispas de chocolate usó para hornear?

5. El granjero Dave cosechó su maíz. Almacena $\frac{5}{9}$ de su maíz en un gran silo y $\frac{3}{4}$ del maíz restante en un pequeño silo. El resto fue enviado al mercado para su venta.

   a. ¿Qué fracción del maíz fue almacenado en el silo pequeño?

   b. Si cosechó 18 toneladas de maíz, ¿cuántas toneladas mandó al mercado?

Lección 15:   Multiplicar fracciones no unitarias por fracciones no unitarias.

Nombre _____   Fecha _____

1. Resuelve. Haz un modelo de fracción rectangular para mostrar tu razonamiento. Después escribe un enunciado de multiplicación.

    a. $\frac{2}{3}$ de $\frac{3}{5}=$

    b. $\frac{4}{9} \times \frac{3}{8}=$

2. Una portada de un periódico es $\frac{3}{8}$ de texto, el resto son fotografías. Si $\frac{2}{5}$ del texto es un artículo sobre las especies en peligro de extinción, ¿qué fracción de la página de portada es el artículo sobre las especies en peligro de extinción?

EUREKA
MATH

Lección 15:   Multiplicar fracciones no unitarias por fracciones no unitarias.

215

© 2019 Great Minds®. eureka-math.org

Nombre _____   Fecha _____

Resuelvan y muestren su forma de pensar con un diagrama de cintas.

1. La Sra. Onusko hizo 60 galletas para una venta. Vendió $\frac{2}{3}$ de ellas y dio $\frac{3}{4}$ de las galletas restantes a los estudiantes que trabajan en la venta. ¿Cuántas galletas le habían quedado?

2. Joakim le está poniendo glaseado a 30 pastelitos. Pone un glaseado de menta en $\frac{1}{5}$ de los pastelitos y chocolate $\frac{1}{2}$ en los pastelitos restantes. El resto tendrá glaseado de vainilla. ¿Cuántos pastelitos tienen glaseado de vainilla?

3. El club de promotores vende 240 hamburguesas con queso. $\frac{1}{4}$ de las hamburguesas con queso tenían pepinillos, $\frac{1}{2}$ de las hamburguesas restantes tenían cebollas y el resto tenían tomate. ¿Cuántas hamburguesas con queso tienen tomate?

Lección 16:   Resolver problemas escritos usando diagramas de cinta y multiplicar
              fracciones por fracciones.

217

© 2019 Great Minds®. eureka-math.org

4. DeSean está clasificando su colección de rocas. $\frac{2}{3}$ de las rocas son metamórficas y $\frac{3}{4}$ del resto son rocas ígneas. Si las 3 rocas restantes son sedimentarias, ¿cuántas rocas tiene DeSean?

5. Milan manda $\frac{1}{4}$ del dinero que ganó podando a sus ahorros y usa $\frac{1}{2}$ del dinero restante para pagarle a su hermana. Si le quedan $15, ¿cuánto dinero tenía al principio?

6. Parks usa varias pulseras de goma. $\frac{1}{3}$ de las pulseras son de arcoíris, $\frac{1}{6}$ son de color azul y $\frac{1}{3}$ del resto son de camuflaje. Si Parks trae 2 pulseras de camuflaje, ¿cuántas pulseras trae?

7. Ahmed gastó $\frac{1}{3}$ de su dinero en un burrito y una botella de agua. El burrito costó 2 veces el valor del agua. El burrito cuesta $4. ¿Cuánto dinero le queda a Ahmed?

EUREKA MATH

Nombre _____   Fecha _____

Resuelve y muestra tu forma de pensar con un diagrama de cinta.

Los tres cuartos de los barcos en el puerto deportivo son de color blanco, $\frac{4}{7}$ de los barcos restantes son de color azul y el resto son de color rojo. Si hay 9 barcos rojos, ¿cuántos barcos están en el puerto deportivo?

Lección 16:   Resolver problemas escritos usando diagramas de cinta y multiplicar fracciones por fracciones.

© 2019 Great Minds®. eureka-math.org

219

La Srta. Casey califica 4 pruebas durante el almuerzo. Califica $\frac{1}{3}$ de lo que queda después de la escuela. Si todavía tiene 16 pruebas para calificar después de la escuela, ¿cuántas pruebas hay?

_____

_____

_____

_____

Lee   **Dibuja**   **Escribe**

Nombre _____   Fecha _____

1. Multiplica y representa. Reescribe cada expresión como un enunciado de multiplicación con factores decimales. El primer ejercicio ya está resuelto.

a. $\dfrac{1}{10} \times \dfrac{1}{10}$

$= \dfrac{1 \times 1}{10 \times 10}$

$= \dfrac{1}{100}$

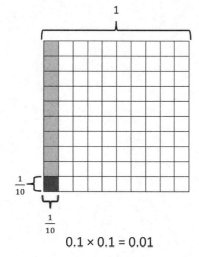

$0.1 \times 0.1 = 0.01$

b. $\dfrac{4}{10} \times \dfrac{3}{10}$

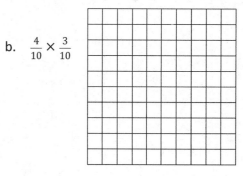

c. $\dfrac{1}{10} \times 1.4$

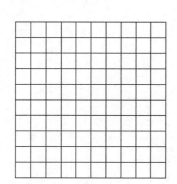 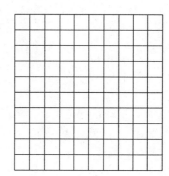

d. $\dfrac{6}{10} \times 1.7$

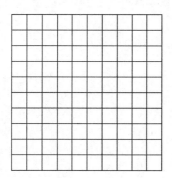 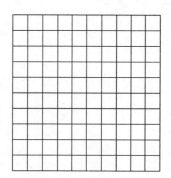

EUREKA MATH®

Lección 17:   Asociar la multiplicación decimal con la multiplicación de fracciones.

223

© 2019 Great Minds®. eureka-math.org

2. Multiplica. Los primeros ya están resueltos.

a. $5 \times 0.7 =$ _____

$$= 5 \times \frac{7}{10}$$
$$= \frac{5 \times 7}{10}$$
$$= \frac{35}{10}$$
$$= 3.5$$

b. $0.5 \times 0.7 =$ _____

$$= \frac{5}{10} \times \frac{7}{10}$$
$$= \frac{5 \times 7}{10 \times 10}$$
$$=$$

c. $0.5 \times 0.7 =$ _____

$$= \frac{5}{100} \times \frac{7}{10}$$
$$= \frac{5 \times 7}{100 \times 10}$$
$$=$$

d. $6 \times 0.3 =$ _____

e. $0.6 \times 0.3 =$ _____

f. $0.06 \times 0.3 =$ _____

g. $1.2 \times 4 =$ _____

h. $1.2 \times 0.4 =$ _____

i. $0.12 \times 0.4 =$ _____

3. Un Boy Scout tiene una cuerda de longitud de 0.7 metros. Utiliza 2 décimas de la cuerda para atar un nudo en un extremo. ¿Cuántos metros de cuerda están en el nudo?

4. Después de que termino 4 décimas de una carrera de 2.5 millas, Lenox tomó la iniciativa y se mantuvo allí hasta el final de la carrera.

a. ¿Durante cuántas millas estuvo Lenox a la cabeza?

b. Reid, el segundo lugar, tuvo un calambre con 3 décimas de carrera restante. ¿Cuántas millas Reid corrió sin un calambre?

EUREKA MATH

Nombre _____   Fecha _____

1. Multiplica y representa. Vuelve a escribir la expresión como un enunciado numérico con factores decimales.

    $\frac{1}{10} \times 1.2$

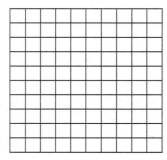   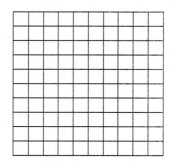

2. Multiplica.

    a. $1.5 \times 3 =$ _____

    b. $1.5 \times 0.3 =$ _____

    c. $0.15 \times 0.3 =$ _____

1,000,000	100,000	10,000	1,000	100	10	1	.	$\frac{1}{10}$	$\frac{1}{100}$	$\frac{1}{1,000}$
Millones	Centena Millares	Decena Millares	Millares	Centenas	Decenas	Unidades	.	Décimas	Centésimas	Milésimas
							•			
							•			
							•			
							•			
							•			
							•			
							•			
							•			
							•			
							•			

tabla de valor posicional de millones a milésimas

Una hembra adulta de gorila tiene 1.4 metros de altura cuando está de pie en posición vertical. La altura de su cría es 3 décimas de su altura. ¿Cuánto más necesita crecer la bebé de gorila antes de tener la altura de su madre?

_____

_____

_____

_____

Lee   Dibuja   Escribe

Nombre _____   Fecha _____

1. Multiplica utilizando tanto la forma de fracción como la forma unitaria. Cuenta las posiciones decimales para revisar tu respuesta.
El primer ejercicio ya está resuelto.

a. $2.3 \times 1.8 = \dfrac{23}{10} \times \dfrac{18}{10}$

$$= \dfrac{23 \times 18}{100}$$

$$= \dfrac{414}{100}$$

$$= 4.14$$

$$\begin{array}{r} 2\ \ 3 \text{ décimas} \\ \times \quad 1\ \ 8 \text{ décimas} \\ \hline 1\ 8\ 4 \\ +\quad 2\ 3\ 0 \\ \hline 4\ 1\ 4 \text{ centésimas} \end{array}$$

b. $2.3 \times 0.9 =$

$$\begin{array}{r} 2\ \ 3 \text{ décimas} \\ \times \quad\quad 9 \text{ décimas} \\ \hline \end{array}$$

c. $6.6 \times 2.8 =$

d. $3.3 \times 1.4 =$

2. Multiplica tanto en forma de fracción como en forma unitaria. Cuenta las posiciones decimales para revisar tu respuesta.
El primer ejercicio ya está resuelto.

a. $2.38 \times 1.8 = \dfrac{238}{100} \times \dfrac{18}{10}$

$$= \dfrac{238 \times 18}{1,000}$$

$$= \dfrac{4,284}{1,000}$$

$$= 4.284$$

$$\begin{array}{r} 2\ \ 3\ \ 8 \text{ centésimas} \\ \times \quad\ \ 1\ \ 8 \text{ décimas} \\ \hline 1\ 9\ 0\ 4 \\ +\quad 2\ 3\ 8\ 0 \\ \hline 4,\ 2\ 8\ 4 \text{ milésimas} \end{array}$$

b. $2.37 \times 0.9 =$

$$\begin{array}{r} 2\ \ 3\ \ 7 \text{ centésimas} \\ \times \quad\quad\ \ 9 \text{ décimas} \\ \hline \end{array}$$

c. $6.06 \times 2.8 =$

d. $3.3 \times 0.14 =$

3. Resuelve usando el algoritmo estándar. Muestra tu forma de pensar acerca de las unidades de tu producto. El primer ejercicio ya está resuelto.

a. $3.2 \times 0.6 = 1.92$

     3 2 décimas
   $\times$ 6 décimas
     1 9 2 centésimas

$$\frac{32}{10} \times \frac{6}{10} = \frac{32 \times 6}{100}$$

b. $3.2 \times 1.2 = $ _____

     3 2 décimas
   $\times$ 1 2 décimas

c. $8.31 \times 2.4 = $ _____

d. $7.50 \times 3.5 = $ _____

4. Carolyn compra 1.2 libras de pechuga de pollo. Si cada libra de pechuga de pollo cuesta $3.70, ¿cuánto pagará por la pechuga de pollo?

5. Una cocina mide 3.75 metros por 4.2 metros.

a. Calcula el área de la cocina.

b. El área de la sala es uno y media por la de la cocina. Encuentra el área total de la sala y la cocina.

EUREKA
MATH

Nombre _____   Fecha _____

Multiplica. Haz por lo menos un problema con forma unitaria y al menos un problema con forma de fracción.

a. 3.2 × 1.4 =

b. 1.6 × 0.7 =

c. 2.02 × 4.2 =

d. 2.2 × 0.42 =

EUREKA MATH

Lección 18:   Asociar la multiplicación decimal con la multiplicación de fracciones.

233

© 2019 Great Minds®. eureka-math.org

El ángulo A de un triángulo es $\frac{1}{2}$ del tamaño del ángulo C. El ángulo B es $\frac{3}{4}$ del tamaño del ángulo C. Si el ángulo C mide 80 grados, ¿cuáles son las medidas del ángulo A y el ángulo B?

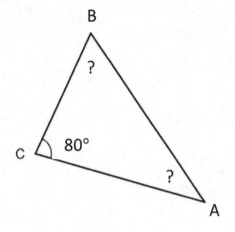

_____

_____

_____

_____

Lee **Dibuja** **Escribe**

Lección 19: Convertir medidas de números enteros y resolver
problemas escritos de varios pasos.

235

© 2019 Great Minds®. eureka-math.org

Nombre _____   Fecha _____

1. Convierte. Expresa tu respuesta como un número mixto, de ser posible. El primer ejercicio
    ya está resuelto.

a. 2 pies = $\frac{2}{3}$ yardas 2 pies = 2 × 1 pies $= 2 \times \frac{1}{3}$ yd $= \frac{2}{3}$ yarda	b. 4 pies = _____ yardas 4 pies = 4 × 1 pie = 4 × _____ yardas = _____ yardas =
c. 7 in = _____ pies	d. 13 in = _____ pies
e. 5 oz = _____ lb	f. 18 oz = _____ lb

Lección 19:   Convertir medidas de números enteros y resolver
               problemas escritos de varios pasos.

© 2019 Great Minds®. eureka-math.org

237

2. Regina compró 24 pulgadas de encaje para un proyecto de artesanía.

    a. ¿Qué fracción de una yarda compró Regina?

    b. Si una yarda de encaje cuesta $6, ¿cuánto pagó Regina?

3. En Yo-Yo yogurt, la balanza dice que Sara tiene 8 onzas de yogur de vainilla en su taza. El yogur de su padre pesa 11 onzas. ¿Cuántas libras de yogur congelado compraron en total? Escribe tu respuesta como un número mixto.

4. Pheng-Xu bebe 1 taza de leche todos los días en el almuerzo. ¿Cuántos galones de leche bebe en 2 semanas?

Lección 19 :   Convertir medidas de números enteros y resolver
problemas escritos de varios pasos.

EUREKA MATH

Nombre _____   Fecha _____

Convierte. Expresa tu respuesta como un número mixto, de ser posible.

a. 5 in = _____ pies

b. 13 in = _____ pies

c. 9 oz = _____ lb

d. 18 oz = _____ lb

Lección 19:   Convertir medidas de números enteros y resolver
problemas escritos de varios pasos.

239

© 2019 Great Minds®. eureka-math.org

Una receta requiere $\frac{3}{4}$ de libra de queso crema. Un pequeño bote de queso crema en el supermercado pesa 12 oz. ¿Es suficiente queso crema para la receta?

_____

_____

_____

_____

Lee   **Dibuja**   **Escribe**

Lección 20:   Convertir medidas con números mixtos y resolver problemas escritos
de varios pasos.

© 2019 Great Minds®. eureka-math.org

241

Nombre _____ Fecha _____

1. Convierte. Muestra tu trabajo. Escribe tu respuesta como un número mixto. (Dibuja un diagrama de cinta, si te es útil). El primer ejercicio ya está resuelto.

a. $2\frac{2}{3}$ yardas = __8__ pies $2\frac{2}{3}$ yd $= 2\frac{2}{3} \times 1$ yd $= 2\frac{2}{3} \times 3$ pies $= \frac{8}{3} \times 3$ pies $= \frac{24}{3}$ pie $= 8$ pies	b. $1\frac{1}{2}$ cuarto = _____ gal $1\frac{1}{2}$ qt $= 1\frac{1}{2} \times 1$ qt $= 1\frac{1}{2} \times \frac{1}{4}$ gal $= \frac{3}{2} \times \frac{1}{4}$ gal $=$
c. $4\frac{2}{3}$ pies = _____ in	d. $9\frac{1}{2}$ pt = _____ qt
e. $3\frac{3}{5}$ hr = _____ min	f. $3\frac{2}{3}$ pies = _____ yardas

EUREKA MATH®

Lección 20: Convertir medidas con números mixtos y resolver problemas escritos de varios pasos.

243

© 2019 Great Minds®. eureka-math.org

2. Tres camiones transportan tierra a una construcción. El camión A carga 3,545 libras, el camión B carga 1,758 libras y el camión C carga 3,697 libras. ¿Cuántas toneladas de tierra están cargando los 3 camiones?

3. Melisa compró $3\frac{3}{4}$ galones de té helado. Denita compra 7 cuartos más que Melisa. ¿Cuánto compraron las dos juntas? Expresa tu respuesta en cuartos.

4. Marvin compró una manguera que es $27\frac{3}{4}$ pies de largo. Ya tiene una manguera en casa que es $\frac{2}{3}$ la longitud de la manguera nueva. ¿Cuántas yardas de manguera tiene ahora Marvin?

Lección 20:   Convertir medidas con números mixtos y resolver problemas escritos de varios pasos.

EUREKA MATH®

Nombre _____   Fecha _____

Convierte. Escribe tu respuesta como un número mixto.

a. $2\frac{1}{6}$ pies = _____ in

b. $3\frac{3}{4}$ pies = _____ yd

c. $2\frac{1}{2}$ c = _____ pt

d. $3\frac{2}{3}$ años = _____ meses

Carol tenía $\frac{3}{4}$ de yarda de listón. Quería usarla para decorar dos marcos de cuadros. Si utiliza la mitad de la cinta en cada marco, ¿cuántos pies de listón utilizará en un marco? Usa un diagrama de cinta para explicar tu razonamiento.

_____

_____

_____

_____

Lee   Dibuja   Escribe

Lección 21:   Explicar el tamaño del producto y asociar la equivalencia de la fracción
y el decimal con la multiplicación de una fracción por 1.

247

© 2019 Great Minds®. eureka-math.org

Nombre _____   Fecha _____

1. Llena los espacios en blanco. El primer ejercicio ya está resuelto.

   a. $\frac{1}{4} \times 1 = \frac{1}{4} \times \frac{3}{3} = \frac{3}{12}$

   b. $\frac{3}{4} \times 1 = \frac{3}{4} \times \_ = \frac{21}{28}$

   c. $\frac{7}{4} \times 1 = \frac{7}{4} \times \_ = \frac{35}{20}$

   d. Usa palabras para comparar el tamaño del producto con el tamaño del primer factor.

2. Expresa cada fracción como decimal equivalente.

   a. $\frac{1}{4} \times \frac{25}{25} \_$

   b. $\frac{3}{4} \times \frac{25}{25} =$

   c. $\frac{1}{5} \times \_ =$

   d. $\frac{4}{5} \times \_ =$

   e. $\frac{1}{20}$

   f. $\frac{27}{20}$

   g. $\frac{7}{4}$

   h. $\frac{8}{5}$

   i. $\frac{24}{25}$

   j. $\frac{93}{50}$

   k. $2\frac{6}{25}$

   l. $3\frac{31}{50}$

EUREKA MATH®   Lección 21:   Explicar el tamaño del producto y asociar la equivalencia de la fracción   249
                             y el decimal con la multiplicación de una fracción por 1.

© 2019 Great Minds®. eureka-math.org

3. Jack dijo que, si a un número lo multiplicas por una fracción, el producto siempre será menor al número inicial. ¿Está él en lo correcto? ¿Por qué sí o por qué no? Explica tu respuesta y da por lo menos dos ejemplos para respaldar tu razonamiento.

4. Hay un sinfín de formas de representar el 1 sobre la recta numérica. En el siguiente espacio, escribe al menos cuatro expresiones multiplicadas por 1. Representa *uno* de manera diferente en cada expresión.

5. María multiplicó por 1 para renombrar $\frac{1}{4}$ como centésimas. Ella formó un factor de pares iguales a 10. Usa su método para cambiar un octavo a un decimal equivalente.

$$\text{El método de María: } \frac{1}{4} = \frac{1}{2 \times 2} \times \frac{5 \times 5}{5 \times 5} = \frac{5 \times 5}{(2 \times 5) \times (2 \times 5)} = \frac{25}{100} = 0.25$$

$$\frac{1}{8} =$$

Paulo también cambió el nombre de $\frac{1}{8}$ a un decimal. Sabe que el decimal es equivalente a $\frac{1}{4}$ y sabe que $\frac{1}{8}$ es la mitad de $\frac{1}{4}$. ¿Puedes aplicar sus ideas para mostrar otra forma de encontrar el decimal equivalente a $\frac{1}{8}$?

Lección 21:   Explicar el tamaño del producto y asociar la equivalencia de la fracción y el decimal con la multiplicación de una fracción por 1.

EUREKA MATH®

Nombre _____   Fecha _____

1. Llena los espacios en blanco para que la ecuación sea verdadera.

$$\frac{9}{4} \times 1 = \frac{9}{4} \times \text{---} = \frac{45}{20}$$

2. Expresa las fracciones como decimales equivalentes.

a. $\frac{1}{4} =$ b. $\frac{2}{5} =$

c. $\frac{3}{25} =$ d. $\frac{5}{20} =$

EUREKA
MATH

Para poner a prueba sus habilidades matemáticas, el padre de Isabella le dijo que le daría $\frac{6}{8}$ de un dólar si le podía decir cuánto dinero es, así como la cantidad de dinero en forma decimal. ¿Qué debe decirle a su padre Isabella? Muestra tus cálculos.

_____

_____

_____

_____

Lee   **Dibuja**   **Escribe**

Lección 22:   Comparar el tamaño de los productos con el tamaño de los factores.

253

© 2019 Great Minds®. eureka-math.org

Nombre _____   Fecha _____

1. Encuentra la incógnita. Vuelve a escribir cada enunciado como un enunciado de multiplicación. Encierra en un círculo el factor de multiplicación y pon dentro de un recuadro el total de metros.

    a. $\frac{1}{2}$ hasta 8 metros = _____ metros   b. 8 veces más largo que $\frac{1}{2}$ metro = _____ metros

2. Dibuja un diagrama de cinta para modelar cada situación en el Problema 1 y describir lo que sucedió con el número de metros, cuando se multiplica por el factor de escala.

    a.   b.

3. Llena el espacio con el numerador o en el denominador para que el enunciado numérico sea verdadero.

    a. $7 \times \frac{}{4} < 7$ b. $\frac{7}{} \times 15 > 3$ c. $3 \times \frac{}{5} = 3$

4. Observa las desigualdades de cada recuadro. Elige una sola fracción que escribirás en todos los espacios en blanco que forme enunciados numéricos verdaderos. Expliquen cómo lo saben.

    a.

$\frac{3}{4} \times$ _____ $> \frac{3}{4}$	$2 \times$ _____ > 2	$\frac{7}{5} \times$ _____ $> \frac{7}{5}$

    b.

$\frac{3}{4} \times$ _____ $< \frac{3}{4}$	$2 \times$ _____ < 2	$\frac{7}{5} \times$ _____ $< \frac{7}{5}$

5. Johnny dice que la multiplicación siempre hace que los números sean mayores. Explícale a Johnny por qué esto no es cierto.

    Dale más de un ejemplo para que él entienda bien.

6. Una empresa usa un boceto para planear la publicidad en la parte lateral de un edificio. Las letras en el boceto son de $\frac{3}{4}$ pulgadas de alto. En el anuncio real, las letras medirán 34 veces esa altura. ¿Qué tamaño tendrán las letras en el edificio?

7. Jason está dibujando el plano de su recámara. Sus dibujos tienen dimensiones $\frac{1}{12}$ del tamaño real. Su cama mide 6 pies por 3 pies y la habitación mide 14 pies por 16 pies. ¿Cuánto miden la cama y la recámara en su dibujo?

Lección 22:   Comparar el tamaño de los productos con el tamaño de los factores.

EUREKA MATH

Nombre _____   Fecha _____

Llena el espacio en blanco para hacer a los enunciados numéricos verdaderos. Expliquen cómo lo saben.

a. $\dfrac{}{3} \times 11 > 11$

b. $5 \times \dfrac{}{8} < 5$

c. $6 \times \dfrac{2}{} = 6$

Lección 22:   Comparar el tamaño de los productos con el tamaño de los factores.

257

© 2019 Great Minds®. eureka-math.org

Jasmín tardó en hacer un examen de matemáticas $\frac{2}{3}$ del tiempo que tardó Paula. Si Paula tardó 2 horas en hacer el examen, ¿cuánto tiempo tardó Jasmín en hacer el examen? Expresa la respuesta en minutos.

_____

_____

_____

Lee   Dibuja   Escribe

Nombre _____   Fecha _____

1. Llena el espacio usando uno de los siguientes factores de escala para hacer que cada enunciado numérico sea verdadero.

1.021	0.989	1.00

a. $3.4 \times$ _____ $= 3.4$ b. _____ $\times 0.21 > 0.21$ c. $8.04 \times$ _____ < 8.04

2.

a. Clasifica las siguientes expresiones volviendo a escribirlas en la tabla.

El producto es menor que el número en el recuadro:	El producto es meyor que el número en el recuadro:

$\boxed{13.89} \times 1.004$ $\boxed{602} \times 0.489$ $\boxed{102.03} \times 4.015$

$\boxed{0.3} \times 0.069$ $\boxed{0.72} \times 1.24$ $\boxed{0.2} \times 0.1$

b. Explica tu clasificación escribiendo un enunciado que describa que tienen en común cada una de las expresiones de cada columna.

3. Escribe una afirmación utilizando una de las siguientes frases para comparar el valor de las expresiones. Explica cómo lo sabes.

es un poco mayor que   ***es mucho mayor que***   ***es ligeramente menor que***   ***es mucho menor que***

a. 4×0.988 _____ 4

b. 1.05×0.8 _____ 0.8

c. $1,725 \times 0.013$ _____ 1,725

d. 989.001×1.003 _____ 1.003

e. 0.002×0.911 _____ 0.002

Lección 23:   Comparar el tamaño de los productos con el tamaño de los factores.

© 2019 Great Minds®. eureka-math.org

EUREKA
MATH®

4. Durante la clase de ciencias, Teo, Carson y Dhakir miden la longitud de sus brotes de soja. El brote de Carson es de 0.9 veces la longitud del de Teo y el de Dhakir es 1.08 veces la longitud del de Teo. ¿De quién son los brotes de soja más largos? ¿Los más cortos? Explica tu razonamiento.

5. Completa las siguientes afirmaciones; utiliza decimales para dar un ejemplo de cada una.

   ▪ $a \times b > a$ siempre será cierto cuando b es ...

   ▪ $a \times b < a$ siempre será cierto cuando b es ...

Nombre _____   Fecha _____

1. Llena el espacio usando uno de los siguientes factores de escala para hacer que cada enunciado numérico sea verdadero.

1.009	1.00	0.898

   a. $3.06 \times$ _____ < 3.06 b. $5.2 \times$ _____ $= 5.2$ c. _____ $\times 0.89 > 0.89$

2. ¿El producto de $22.65 \times 0{,}999$ será mayor que o menor que 22.65? Sin calcular, explica cómo lo sabes.

Nombre _____   Fecha _____

1. Una ampolleta contiene 20 ml de medicina. Si cada dosis es $\frac{1}{8}$ de la ampolleta, ¿cuántos ml hay en cada dosis? Escribe tu respuesta en decimal.

2. Un recipiente contiene 0.7 litros de aceite y vinagre. $\frac{3}{4}$ de la mezcla es vinagre. ¿Cuántos litros de vinagre hay en cada recipiente? Escribe tu respuesta en fracción y en decimal.

 EUREKA MATH

Lección 24:   Resolver problemas escritos usando fracciones y multiplicaciones con decimales.

267

© 2019 Great Minds®. eureka-math.org

3. Andrés terminó una carrera de 5 km en 13.5 minutos. El tiempo de su hermana era $1\frac{1}{2}$ veces más largo que su tiempo. ¿Cuánto tiempo, en minutos, le tomó a la hermana correr la carrera?

4. Una fábrica de ropa usa 1,275.2 metros de tela a la semana para hacer camisetas. ¿Cuánta tela se necesita para hacer $3\frac{3}{5}$ veces esa cantidad de camisetas?

EUREKA MATH

5. Hay $\frac{3}{4}$ de niños de lo que hay de niñas en el grupo de quinto grado. Si hay 35 estudiantes en el grupo, ¿cuántos de estos son niñas?

6. Ciro compró un boleto para un concierto en $56. El costo del boleto fue $\frac{4}{5}$ el costo de la cena. El costo de su hotel fue $2\frac{1}{2}$ veces más que el del boleto. ¿Cuánto dinero gastó Ciro, entre el boleto, el hotel y la cena?

Lección 24:   Resolver problemas escritos usando fracciones y multiplicaciones con decimales.

© 2019 Great Minds®. eureka-math.org

269

Nombre _____   Fecha _____

1. Un artista construye una escultura de metal y madera que pesa 14.9 kilogramos. $\frac{3}{4}$ de este peso es de metal y el resto es de madera. ¿Cuánto pesa la parte de madera de la escultura?

2. En una excursión en barco, hay la mitad de niños que de adultos. Hay 30 personas en la excursión. ¿Cuántos niños hay?

La etiqueta de una botella de 0.118 L de jarabe para la tos recomienda una dosis de 10 mL para niños de 6 a 10 años. ¿Cuántas dosis de 10 mL se encuentran en la botella?

_____

_____

_____

_____

Lee   Dibuja   Escribe

Nombre _____   Fecha _____

1. Dibuja un diagrama de cinta y una recta numérica para resolverlo. Puedes dibujar el modelo que tiene más sentido para ti. Llena los espacios en blanco que siguen. Ayúdate con el ejemplo.

Ejemplo: $2 \div \dfrac{1}{3} =$ ___6___

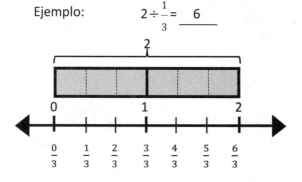

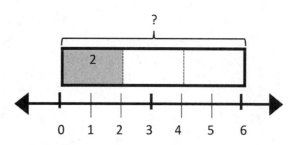

Hay ___3___ tercios en 1 entero.

Hay ___6___ tercios en 2 enteros.

Si 2 es $\dfrac{1}{3}$, ¿cuál es el entero? ___6___

a. $4 \div \dfrac{1}{2} =$ _____

Hay ___ medios en 1 entero.

Hay medios ___ en 4 enteros.

Si 4 es $\dfrac{1}{2}$, ¿cuál es el entero?

b. $2 \div \dfrac{1}{4} =$ _____

Hay ___ cuartos en 1 entero.

Hay ___ cuartos en 2 enteros.

Si es $2\dfrac{1}{4}$, ¿cuál es el entero?

EUREKA MATH®

Lección 25:   Dividir un número entero entre una fracción unitaria.

275

© 2019 Great Minds®. eureka-math.org

c. $5 \div \frac{1}{3} =$ _____

Hay ____ tercios en 1 entero.

Hay ____ tercios en 5 enteros.

Si 5 es $\frac{1}{3}$, ¿cuál es el entero? _____

d. $3 \div \frac{1}{5} =$ _____

Hay ____ quintos en 1 entero.

Hay ____ quintos en 3 enteros.

Si 3 es $\frac{1}{5}$, ¿cuál es el entero? _____

2. Divide. Después multiplica para verificar la respuesta.

a. $5 \div \frac{1}{2}$	b. $3 \div \frac{1}{2}$	c. $4 \div \frac{1}{5}$	d. $1 \div \frac{1}{6}$
e. $2 \div \frac{1}{8}$	f. $7 \div \frac{1}{6}$	g. $8 \div \frac{1}{3}$	h. $9 \div \frac{1}{4}$

Lección 25:   Dividir un número entero entre una fracción unitaria.

EUREKA MATH

3. Para un proyecto de arte, la Sra. Williams está dividiendo papel de construcción en cuartos. ¿Cuántos cuartos puede hacer a partir de 5 piezas de papel de construcción?

4. Usa la siguiente tabla para contestar las siguientes preguntas.

Menú del almuerzo de Donnie's Diner

Comida	Porción
Hamburguesa	$\frac{1}{3}$ lb
Pepinillos	$\frac{1}{4}$ pepinillo
Papas fritas	$\frac{1}{8}$ bolsa
Leche con chocolate	$\frac{1}{2}$ taza

a. ¿Cuántas hamburguesas puede hacer Donnie con 6 libras de carne de hamburguesa?

b. ¿Cuántas porciones de pepinillo se puede servir de un frasco de 15 pepinillos?

EUREKA
MATH

Lección 25:   Dividir un número entero entre una fracción unitaria.

277

© 2019 Great Minds®. eureka-math.org

c. ¿Cuántas porciones de leche con chocolate se pueden servir de un galón de leche?

5. Tres galones de agua llenan $\frac{1}{4}$ del bebedero del elefante en el zoológico. ¿Cuánta agua le cabe al balde?

278   **Lección 25:**   Dividir un número entero entre una fracción unitaria.

© 2019 Great Minds®. eureka-math.org

Nombre _____   Fecha _____

1. Dibuja un diagrama de cinta y una recta numérica para resolverlo. Llena los espacios en blanco que siguen.

   a. $5 \div \frac{1}{2} =$ _____

   Hay _____ medios en 1 entero.

   Hay _____ medios en 5 enteros.

   ¿5 es $\frac{1}{2}$ de qué número? _____

   b. $4 \div \frac{1}{4} =$ _____

   Hay _____ cuartos en 1 entero.

   Hay _____ cuartos en _____ enteros.

   ¿4 es $\frac{1}{4}$ de qué número? _____

2. La Srta. Leverenz está haciendo un proyecto de arte con su clase. Ella tiene un pedazo de 3 pies de listón. Si le da a cada estudiante una octava parte de pie del listón, ¿tendrá suficiente para su clase de 22 estudiantes?

EUREKA MATH

Lección 25:   Dividir un número entero entre una fracción unitaria.

279

© 2019 Great Minds®. eureka-math.org

Una carrera comienza con $2\frac{1}{2}$ millas a través de la ciudad, continúa a través del parque por $2\frac{1}{3}$ millas y termina en la pista después del último $\frac{1}{6}$ de milla. Un voluntario se encuentra posicionado en cada cuarto de milla y en la línea de meta para dar vasos de agua y alentar a los corredores. ¿Cuántos voluntarios se necesitan?

_____

_____

_____

_____

Lee   Dibuja   Escribe

Nombre _____ Fecha _____

1. Dibuja un modelo o diagrama de cinta para resolverlo. Usa la burbuja de pensamiento para mostrar tu forma de pensar. Escribe el cociente en el espacio en blanco. Ayúdate con el ejemplo.

Ejemplo: $\frac{1}{2} \div 3$

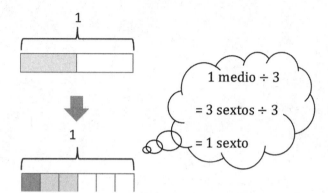

1 medio ÷ 3

= 3 sextos ÷ 3

= 1 sexto

$\frac{1}{2} \div 3 = \frac{1}{6}$

a. $\frac{1}{3} \div 2 =$ _____

b. $\frac{1}{3} \div 4 =$ _____

EUREKA MATH

Lección 26: Dividir una fracción unitaria entre un número entero.

283

© 2019 Great Minds®. eureka-math.org

c. $\frac{1}{4} \div 2 = $ _____

d. $\frac{1}{4} \div 3 = $ _____

2. Divide. Después multiplica para verificar la respuesta.

a. $\frac{1}{2} \div 7$	b. $\frac{1}{3} \div 6$	c. $\frac{1}{4} \div 5$	d. $\frac{1}{5} \div 4$
e. $\frac{1}{5} \div 2$	f. $\frac{1}{6} \div 3$	g. $\frac{1}{8} \div 2$	h. $\frac{1}{10} \div 10$

EUREKA
MATH

3. Tasha come la mitad de su bocadillo y le da la otra mitad a sus dos mejores amigas para que puedan compartirla. ¿Qué porción recibe cada amiga? Haz un dibujo para respaldar tu respuesta.

4. La Sra. Appier utilizó $\frac{1}{2}$ galón de aceite de oliva para hacer 8 lotes idénticos de aderezo para ensaladas.

   a. ¿Cuántos galones de aceite de oliva utilizó en cada lote de aderezo para ensaladas?

   b. ¿Cuántas tazas de aceite de oliva utilizó en cada lote de aderezo para ensaladas?

5. Mariano entrega periódicos. Él siempre pone $\frac{3}{4}$ de sus ingresos semanales en su cuenta de ahorros y después la divide por igual en 3 alcancías para gastar en la tienda de aperitivos, la sala de juegos y el metro.

    a. ¿Qué fracción de sus ganancias puso Mariano en cada alcancía?

    b. Si Mariano pone $2.40 en cada alcancía cada semana, ¿Cuánto gana Mariano por semana entregando periódicos?

Lección 26:   Dividir una fracción unitaria entre un número entero.

EUREKA MATH

Nombre _____ Fecha _____

1. Resuelve. Apoya al menos una de tus respuestas con un modelo o diagrama de cinta.

   a. $\frac{1}{2} \div 4 =$ _____

   b. $\frac{1}{8} \div 5 =$ _____

2. Larry pasa la mitad de su jornada laboral dando clases de piano. Si ve a 6 estudiantes, cada uno por la misma cantidad de tiempo, ¿qué fracción de su jornada de trabajo pasa con cada estudiante?

EUREKA MATH

Lección 26:   Dividir una fracción unitaria entre un número entero.

287

© 2019 Great Minds®. eureka-math.org

Nombre _____   Fecha _____

1. La Sra. Silverstein compró 3 mini pasteles para una fiesta de cumpleaños. Ella parte cada pastel en cuartos y piensa servirle 1 cuarto de pastel a cada invitado. ¿A cuántos invitados le alcanza a servir con sus pasteles? Haz un dibujo para respaldar tu respuesta.

2. Al Sr. Pham le queda $\frac{1}{4}$ sartén de lasaña en el refrigerador. Quiere partir la lasaña en rebanadas idénticas para cenar de 3 noches. ¿Cuánta lasaña comerá cada noche? Haz un dibujo para respaldar tu respuesta.

3. El perímetro de un cuadrado es $\frac{1}{5}$ de un metro.

    a. Encuentra la longitud de cada lado, en metros. Haz un dibujo para respaldar tu respuesta.

    b. ¿Cuál es la longitud, en centímetros?

4. Una tarima que carga 5 cajones idénticos pesa $\frac{1}{4}$ de tonelada.

    a. ¿Cuántas toneladas pesa cada cajón? Haz un dibujo para respaldar tu respuesta.

EUREKA MATH

b. ¿Cuántas libras pesa cada caja?

5. Faye tiene 5 piezas de listón que mide cada una 1 yarda de largo. Ella corta cada listón en sextos.

   a. ¿Cuántos sextos tendrá después de cortar todos los listones?

   b. ¿Qué tan largo será, en pulgadas, cada sexto?

6. Hay una jarra de cristal llena de agua. Se vierte $\frac{1}{8}$ del agua en 2 vasos idénticos.

   a. ¿Qué fracción de agua hay en cada vaso?

   b. Si cada vaso tiene 3 onzas líquidas de agua, ¿cuántas onzas líquidas de agua estaban en la jarra llena?

   c. Si se vierte $\frac{1}{4}$ del agua restante en una planta, ¿cuántas tazas de agua quedan en la jarra?

    Lección 27:   Resolver problemas con división de fracciones.

EUREKA MATH

Nombre _____   Fecha _____

1. Kevin divide 3 pedazos de papel en cuartos. ¿Cuántos cuartos tiene? Haz un dibujo para respaldar tu respuesta.

2. A Sybil le sobra $\frac{1}{2}$ de pizza. Quiere compartir la pizza con 3 de sus amigos. ¿Qué fracción de la pizza original recibirá Sybil y sus 3 amigos? Haz un dibujo para respaldar tu respuesta.

Nombre _____   Fecha _____

1. Crea y resuelve un problema escrito de división acerca de 5 metros de cuerda, que está ilustrado en el siguiente diagrama de cinta.

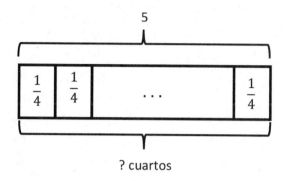

? cuartos

2. Crea y resuelve un problema escrito acerca de $\frac{1}{4}$ libras de almendras, que está ilustrado en el siguiente diagrama de cinta.

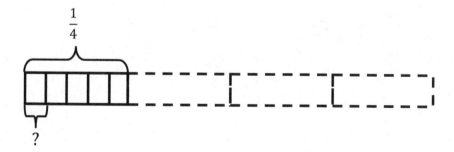

EUREKA
MATH®

Lección 28:   Escribir ecuaciones y problemas escritos que se relacionan con
diagramas de cinta y rectas numéricas.

295

© 2019 Great Minds®. eureka-math.org

3. Dibuja un diagrama de cinta y crea tu propio problema escrito para las siguientes expresiones.
    Resuélvelas.

    a. $2 \div \frac{1}{3}$

    b. $\frac{1}{3} \div 4$

    c. $\frac{1}{4} \div 3$

    d. $3 \div \frac{1}{5}$

Lección 28: Escribir ecuaciones y problemas escritos que se relacionan con
                     diagramas de cinta y rectas numéricas.

EUREKA
MATH®

Nombre _____   Fecha _____

Crea un problema escrito para las siguientes expresiones. Resuélvelas.

a. $4 \div \frac{1}{2}$

b. $\frac{1}{2} \div 4$

Lección 28:   Escribir ecuaciones y problemas escritos que se relacionan con
diagramas de cinta y rectas numéricas.

297

© 2019 Great Minds®. eureka-math.org

Fernando compró una chaqueta de $185 y la vendió a un precio $1\frac{1}{2}$ veces más del precio que pagó. Marisol gastó $\frac{1}{5}$ de lo que Fernando gastó en la misma chaqueta, pero la vendió a la $\frac{1}{2}$ del precio en que Fernando la vendió. ¿Cuánto dinero ganó Marisol? Explica tu razonamiento usando un diagrama.

Lee   Dibuja   Escribe

EUREKA MATH

Lección 29:   Relacionar las divisiones entre fracciones unitarias con divisiones entre 1 décima y 1 centésima.

299

Nombre _____   Fecha _____

1. Divide. Vuelve a escribir la expresión como un enunciado de división con una fracción siendo divisor, y llena los espacios en blanco. El primer ejercicio ya está resuelto.

Hay __10__ décimas en 1 entero.

Ejemplo: $2 \div 0.1 = 2 \div \frac{1}{10} = 20$

Hay __20__ décimas en 2 enteros.

a. 5 ÷ 0.1

Hay _____ décimas en 1 entero.

Hay _____ décimas en 5 enteros.

b. 8 ÷ 0.1

Hay _____ décimas en 1 entero.

Hay _____ décimas en 8 enteros.

c. 5.2 ÷ 0.1

Hay _____ décimas en 5 enteros.

Hay _____ décimas en 2 décimas.

Hay _____ décimas en 5.2.

d. 8.7 ÷ 0.1

Hay _____ décimas en 8 enteros.

Hay _____ décimas en 7 décimas.

Hay _____ décimas en 8.7.

e. 5 ÷ 0.01

Hay _____ centésimas en 1 entero.

Hay _____ centésimas en 5 enteros.

f. 8 ÷ 0.01

Hay _____ centésimas en 1 entero.

Hay _____ centésimas en 8 enteros.

g. 5.2 ÷ 0.01

Hay _____ centésimas en 5 enteros.

Hay _____ centésimas en 2 décimas.

Hay _____ centésimas en 5.2.

h. 8.7 ÷ 0.01

Hay _____ centésimas en 8 enteros.

Hay _____ centésimas en 7 décimas.

Hay _____ centésimas en 8.7.

Lección 29:   Relacionar las divisiones entre fracciones unitarias con divisiones entre   301
              1 décima y 1 centésima.

© 2019 Great Minds®. eureka-math.org

2. Divide.

a. $6 \div 0.1$	b. $18 \div 0.1$	c. $6 \div 0.01$
d. $1.7 \div 0.1$	e. $31 \div 0.01$	f. $11 \div 0.01$
g. $125 \div 0.1$	h. $3.74 \div 0.01$	i. $12.5 \div 0.01$

3. Yung compró $4.60 de chicle. Cada chicle costó $0.10. ¿Cuántos chicles compró Yung?

4. Cheryl resolvió un problema: $84 \div 0.01 = 8,400$.

   Jane dijo, "Su respuesta es incorrecta, porque cuando se divide, el cociente es siempre menor que la cantidad total con la que se comenzó, por ejemplo, $6 \div 2 = 3$ y $100 \div 4 = 25$". ¿Quién está en lo correcto? Explica tu razonamiento.

5. U.S Mint vende 2 onzas de monedas de oro con el Águila Americana a un coleccionista. Cada moneda pesa una décima de onza. ¿Cuántas monedas de oro fueron vendidas al colector?

EUREKA
MATH®

Nombre _____   Fecha _____

1. 8.3 es igual a

   _____ décimas

   _____ centésimas

2. 28 es igual a

   _____ centésimas

   _____ décimas

3. 15.09 ÷ 0.01 = _____

4. 267.4 ÷ $\frac{1}{2}$ = _____

5.   632.98 ÷ $\frac{1}{100}$ = _____

Lección 29:   Relacionar las divisiones entre fracciones unitarias con divisiones entre 1 décima y 1 centésima.

303

© 2019 Great Minds®. eureka-math.org

Alexa afirma que $16 \div 4$, $\frac{32}{8}$ y 8 medios son expresiones equivalentes. ¿Alexa está en lo correcto? Explica cómo lo sabes.

_____

_____

_____

Lee   **Dibuja**   **Escribe**

Nombre _____   Fecha _____

1. Vuelve a escribir la expresión como una fracción y divide. Los dos primeros ya están resueltos.

a. $2.7 \div 0.3 = \frac{2.7}{0.3}$ $= \frac{2.7 \times 10}{0.3 \times 10}$ $= \frac{27}{3}$ $= 9$	**b.** $2.7 \div 0.03 = \frac{2.7}{0.03}$ $= \frac{2.7 \times 100}{0.03 \times 100}$ $= \frac{270}{3}$ $=$
c. $3.5 \div 0.5$	**d.** $3.5 \div 0.05$
e. $4.2 \div 0.7$	**f.** $0.42 \div 0.07$

g. $10.8 \div 0.9$	h. $1.08 \div 0.09$
i. $3.6 \div 1.2$	j. $0.36 \div 0.12$
k. $17.5 \div 2.5$	l. $1.75 \div 0.25$

2. $15 \div 3 = 5$. Explica por qué es cierto que $1.5 \div 0.3$ y $0.15 \div 0.03$ tienen el mismo cociente.

Lección 30:   Dividir dividendos decimales lentre divisores decimales no unitarios.

EUREKA
MATH

3. El Sr. Volok compra 2.4 kg de azúcar para su panadería.

   a. Si vierte 0.2 kg de azúcar en bolsas separadas, ¿cuántas bolsas de azúcar saldrán?

   b. Si él vierte 0.4 kg de azúcar en bolsas separadas, ¿cuántas bolsas de azúcar saldrán?

4. Dos cables, uno de 17.4 metros de largo y el otro de 7.5 metros de largo, se cortaron en pedazos de 0.3 metros de largo. ¿Cuántos pedazos pueden salir de ambos cables?

5. El Sr. Smith tiene 15.6 libras de naranjas que va a empacar para enviar. Puede enviar 2.4 libras de naranjas en una caja grande y 1.2 libras en una pequeña caja. Si expide 5 cajas grandes, ¿cuál es el mínimo de cajas pequeñas requerido para poder enviar el resto de las naranjas?

Nombre _____   Fecha _____

Vuelve a escribir la expresión como una fracción y divide.

a. 3.2 ÷ 0.8	b. 3.2 ÷ 0.08
c. 7.2 ÷ 0.9	d. 0.72 ÷ 0.09

Un café hace diez batidos de 8 onzas de frutas. Cada batido se hace con 4 onzas de leche de soja y 1.3 onzas de saborizante de plátano. El resto es jugo de arándanos. ¿Qué cantidad de cada ingrediente será necesario para hacer los batidos?

_____

_____

_____

_____

Lee   **Dibuja**   **Escribe**

EUREKA MATH

Nombre _____   Fecha _____

1. Estima y después divide. El ejemplo ya está resuelto.

$78.4 \div 0.7 \approx 770 \div 7 = 110$

$= \dfrac{78.4}{0.7}$

$= \dfrac{78.4 \times 10}{0.7 \times 10}$

$= \dfrac{784}{7}$

$= 112$

```
        1 1 2
    7 | 7 8 4
       -7
         8
        -7
        1 4
       -1 4
          0
```

   a. $53.2 \div 0.4 \approx$

   b. $1.52 \div 0.8 \approx$

2. Estima y después divide. El primer ejercicio ya está resuelto.

$7.32 \div 0.06 \approx 720 \div 6 = 120$

$= \dfrac{7.32}{0.06}$

$= \dfrac{7.32 \times 100}{0.06 \times 100}$

$= \dfrac{732}{6}$

$= 122$

```
        1 2 2
    6 | 7 3 2
       -6
        1 3
       -1 2
         1 2
        -1 2
          0
```

   a. $9.42 \div 0.03 \approx$

   b. $39.36 \div 0.96 \approx$

EUREKA MATH

Lección 31:   Dividir dividendos decimales entre divisores decimales no unitarios.

315

© 2019 Great Minds®. eureka-math.org

3. Resuelve usando el algoritmo estándar. Usa las burbujas de pensamiento para escribir tu razonamiento cuando conviertes el divisor a número entero.

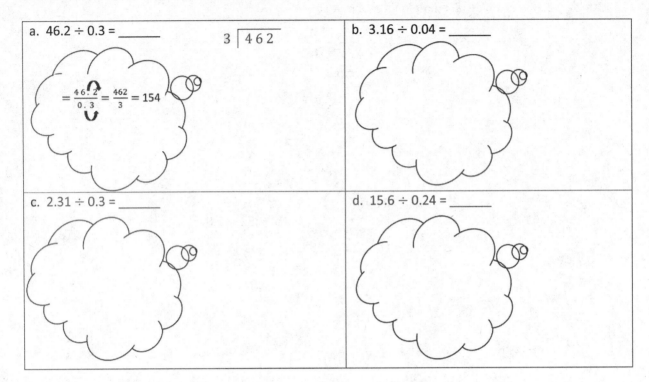

a. $46.2 \div 0.3 =$ _____ $3\overline{)462}$

$$= \frac{46.2}{0.3} = \frac{462}{3} = 154$$

b. $3.16 \div 0.04 =$ _____

c. $2.31 \div 0.3 =$ _____

d. $15.6 \div 0.24 =$ _____

4. La distancia total de la carrera es 18.9 km.

   a. Si los voluntarios establecieron una estación de agua cada 0.7 km, incluyendo una en la línea de meta, ¿cuántas estaciones tendrán?

   b. Si los voluntarios establecieron una estación de primeros auxilios cada 0.9 km, incluyendo una en la línea de meta, ¿cuántas estaciones tendrán?

5. En un laboratorio, un técnico combina una solución salina que está en 27 tubos de ensayo. Cada tubo de ensayo contiene 0.06 litros de solución. Si el técnico divide la cantidad total en tubos de ensayo que tienen una capacidad de 0.3 litros cada uno, ¿cuántos tubos de ensayo va a necesitar?

Nombre _____   Fecha _____

Estima primero y después resuelve utilizando el algoritmo estándar. Muestra cómo cambia el nombre del divisor a un número entero.

1. $6.39 \div 0.09$

2. $82.14 \div 0.6$

Se pueden hacer cuatro calcetines de bebé con $\frac{1}{3}$ de madeja de hilo. ¿Cuántos calcetines de bebé se pueden hacer con toda una madeja? Dibuja un modelo para explicar tu razonamiento.

_____

_____

_____

_____

Lee   **Dibuja**   **Escribe**

Lección 32: Interpretar y evaluar expresiones numéricas incluyendo el lenguaje de escala
y la división de fracciones.

319

Nombre _____ Fecha _____

1. Encierra en un círculo la expresión equivalente a *"la sumo de 3 y 2 dividido entre $\frac{1}{3}$"*

   $\frac{3+2}{3}$ $3 + (2 \div \frac{1}{3})$ $(3 + 2) \div \frac{1}{3}$ $\frac{1}{3} \div (3 + 2)$

2. Encierra en un círculo la expresión equivalente a *28 dividido entre la diferencia de $\frac{4}{5}$ y $\frac{7}{10}$.*

   $28 \div \left(\frac{4}{5} - \frac{7}{10}\right)$ $\frac{28}{\frac{4}{5} - \frac{7}{10}}$ $\left(\frac{4}{5} - \frac{7}{10}\right) \div 2$ $28 \div \left(\frac{7}{10} - \frac{4}{5}\right)$

3. Completa la tabla escribiendo una expresión numérica equivalente.

a.	La mitad de la diferencia entre $2\frac{1}{4}$ y $\frac{3}{8}$.	
b.	La diferencia de $2\frac{1}{4}$ y $\frac{3}{8}$ dividida entre 4.	
c.	Un tercio de la suma de $\frac{7}{8}$ y décimas.	
d.	Suma 2.2 y $\frac{7}{8}$ y después triplica la suma.	

4. Compara las expresiones 3 (a) y 3 (b). Sin evaluar, identifica la expresión que es mayor. Expliquen cómo lo saben.

5. Completa la tabla, escribe con palabras una expresión equivalente.

a.		$\frac{3}{4} \times (1.75 + \frac{3}{5})$
b.		$\frac{7}{9} - (\frac{1}{8} \times 0.2)$
c.		$(1.75 + \frac{3}{5}) \times \frac{4}{3}$
d.		$2 \div (\frac{1}{2} \times \frac{4}{5})$

6. Compara las expresiones en 5 (a) y 5 (c). Sin evaluar, identifica la expresión que sea menor. Expliquen cómo lo saben.

7. Evalúa las siguientes expresiones.

a. $(9 - 5) \div \frac{1}{3}$

b. $\frac{5}{3} \times (2 \times \frac{1}{4})$

c. $\frac{1}{3} \div (1 \div \frac{1}{4})$

Lección 32: Interpretar y evaluar expresiones numéricas incluyendo el lenguaje de escala y la división de fracciones.

© 2019 Great Minds®. eureka-math.org

EUREKA MATH

d. $\frac{1}{2} \times \frac{3}{5} \times \frac{5}{3}$

e. La mitad de $(\frac{3}{4} \times 0.2)$

f. 3 veces el cociente de el cociente de 2.4 y 0.6

8. Elige una de las siguientes expresiones que represente el problema escrito y escríbela en el espacio en blanco.

$\frac{2}{3} \times (20 - 5)$ $(\frac{2}{3} \times 20) - (\frac{2}{3} \times 5)$ $\frac{2}{3} \times 20 - 5$ $(20 - \frac{2}{3}) - 5$

a. El granjero Green recolectó 20 zanahorias. Cocino $\frac{2}{3}$ de ellas y le dio 5 a los conejos. Escribe la expresión que describa cuántas zanahorias le quedan.

Expresión: _____

b. El granjero Green recolectó 20 zanahorias. Cocinamos 5 y les dimos $\frac{2}{3}$ de las restantes zanahorias a sus conejos. Escribe la expresión que describa cuántas zanahorias reciben los conejos.

Expresión: _____

Nombre _____   Fecha _____

1. Escribe una expresión equivalente en forma numérica.

    Un cuarto del producto de dos tercios y 0.8

2. Escribe una expresión equivalente en forma de palabra.

    a. $\frac{3}{8} \times (1 - \frac{1}{3})$

    b. $(1 - \frac{1}{3}) \div 2$

3. Compara las expresiones en 2 (a) y 2 (b). Sin evaluar, determina qué expresión es mayor y explica cómo lo sabes.

Lección 32:   Interpretar y evaluar expresiones numéricas incluyendo el lenguaje de escala y la división de fracciones.

Nombre _____   Fecha _____

1. La Srta. Hayes tiene $\frac{1}{2}$ litro de jugo. Ella lo distribuye por igual a 6 estudiantes en su grupo de tutoría.

    a. ¿Cuántos litros de jugo recibe cada estudiante?

    b. ¿Cuántos litros más de jugo la Srta. Hayes necesitará si quiere dar a cada uno de los 24 estudiantes en su clase la misma cantidad de jugo que se encuentra en la Parte (a)?

2. A Lucía le quedan 3.5 horas de su día de trabajo como mecánico de coches. Lucía necesita $\frac{1}{2}$ de una hora para completar un cambio de aceite.

    a. ¿Cuántos cambios de aceite puede Lucía completar durante el resto de su jornada laboral?

    b. Lucía puede completar dos inspecciones de automóviles en la misma cantidad de tiempo que le toma completar un cambio de aceite. ¿Cuánto tiempo se tarda en para completar una inspección de coche?

    c. ¿Cuántas inspecciones puede completar en el resto de su jornada laboral?

Lección 33:   Crear historias de contexto para expresiones numéricas, diagramas de cinta
y resolver problemas escritos.

3. Cario compró $14.40 de toronjas. Cada toronja costó $0.80.

   a. ¿Cuántas toronjas compró Cario?

   b. En la misma tienda, Kahri gasta un tercio de la cantidad de dinero en toronja como Cario. ¿Cuántas toronjas compró?

4. Los estudios demuestran que un colibrí típico gigante puede batir sus alas una vez en 0.08 segundos.

   a. Mientras vuela por 7.2 segundos, ¿cuántas veces puede batir sus alas un colibrí típico gigante?

   b. Un colibrí garganta de rubí puede batir sus alas 4 veces más rápido que un colibrí gigante. ¿Cuántas veces bate sus alas un colibrí garganta de rubí en la misma cantidad de tiempo?

5. Creen una historia de contexto para la siguiente expresión.

$$\frac{1}{3} \times (\$20 - \$3.20)$$

6. Creen una historia de contexto de la pintura de una pared para el siguiente diagrama de cinta.

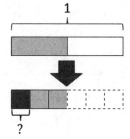

EUREKA MATH®

Lección 33: Crear historias de contexto para expresiones numéricas, diagramas de cinta
y resolver problemas escritos.

329

© 2019 Great Minds®. eureka-math.org

Nombre _____   Fecha _____

Una pausa comercial completa es de 3.6 minutos.

   a.   Si cada anuncio tarda 0.6 minutos, ¿cuántos anuncios pasarán?

   b.   Una pausa comercial diferente de la misma duración pone anuncios de la mitad de tiempo. ¿Cuántos anuncios pondrán durante esa pausa?

Lección 33:   Crear historias de contexto para expresiones numéricas, diagramas de cinta   331
               y resolver problemas escritos.

© 2019 Great Minds®. eureka-math.org

Créditos

Great Minds® ha hecho todos los esfuerzos para obtener permisos para la reimpresión de todo el material protegido por derechos de autor. Si algún propietario de material sujeto a derechos de autor no ha sido mencionado, favor ponerse en contacto con Great Minds para su debida mención en todas las ediciones y reimpresiones futuras.

Una historia de unidades™

Eureka Math ayuda a los estudiantes a comprender verdaderamente las matemáticas, conectarlas con el mundo real y los prepara para resolver problemas que no han visto antes. Los maestros y matemáticos de Great Minds saben que no es suficiente que los estudiantes conozcan el proceso para resolver un problema: es necesario que sepan por qué funciona este proceso.

Eureka Math presenta las matemáticas como una historia que se desarrolla desde PK hasta el 12.° grado. En *Una historia de unidades*, nuestro currículo de primaria, esta secuencia se ha complementado con métodos de instrucción de éxito comprobado en este país y en el extranjero.

Great Minds está aquí para asegurarse de que tengas éxito con una biblioteca cuyos recursos crecen constantemente, que incluye gratuitamente hojas de consejo, material de apoyo y módulos completos para cada grado en eureka-math.org.

Secuencia de los módulos de 5.° grado

Módulo 1: Valor posicional y fracciones decimales

Módulo 2: Operaciones con números enteros de varios dígitos y fracciones decimales

Módulo 3: Suma y resta de fracciones

Módulo 4: Multiplicación y división de fracciones y fracciones decimales

Módulo 5: Suma y multiplicación con volumen y área

Módulo 6: Resolución de problemas con el plano de coordenadas

En la portada
Vincent van Gogh (1853–1890), *Camas de flores en Holanda*, 1883. Óleo sobre lienzo en madera, 48.9 × 66 cm (19 1/4 × 26 in.); enmarcado: 71.1 × 88.9 × 8.3 cm (28 × 35 × 3 1/4 in.). Colección del Sr. y la Sra. Paul Mellon (1983.1.21). Autor de la foto: Cortesía de la Galería Nacional de Arte, Washington, D.C.

¿Qué tiene que ver esta pintura con las matemáticas?
En un esfuerzo por aprovechar cualquier oportunidad para desarrollar la educación cultural de los estudiantes, Great Minds presenta una importante obra de arte o arquitectura en la portada de cada libro que publica. Seleccionamos imágenes que sabemos que a los estudiantes y maestros les encantará apreciar una y otra vez. Estas obras también se relacionan visualmente con las ideas que se desarrollan en el libro. Cantidad, agrupación, disposición y orden son solo algunos de los conceptos fascinantes que descubrimos en matemáticas y, como mostró Vincent van Gogh en su cuadro de camas de tulipanes, en el mundo a nuestro alrededor.

Publicado por Great Minds®

ISBN 978-1-64497-002-7